网络多媒体信息可信认证技术

马强　邢玲　李强　著

电子工业出版社·

Publishing House of Electronics Industry

北京·BEIJING

内 容 简 介

本书针对网络多媒体信息的可信安全问题，研究了适用于网络环境的多媒体信息可信认证模型，从理论和系统角度提出了网络多媒体信息可信认证的技术方案。针对视频流、图像、视频等不同内容及形式的多媒体信息在互联网中传输面临的安全威胁，提出了一系列多媒体信息可信认证算法和框架，包括基于解码关系图拓扑排序的视频流认证技术、基于中心校准的图像哈希认证技术、具有最大鲁棒性的视频哈希认证技术、基于视频远程证明协议的视频认证技术，提高了网络环境下多媒体信息可信认证的有效性、鲁棒性和安全性。针对共享视频的可信问题，充分利用网络结构及其拓扑特性，研究了基于非对称网络结构的共享视频认证技术和在线社交网络环境中的共享视频认证技术，提高了共享视频可信认证的有效性和安全性，为未来互联网的安全、健康发展提供了理论基础。

本书可作为高等院校通信工程、物联网、计算机、信息安全等专业的研究生和高年级本科生教材，也可供相关领域的科研人员和工程技术人员参考使用。

图书在版编目（CIP）数据

网络多媒体信息可信认证技术 / 马强等著. -- 北京：
电子工业出版社，2025. 7. -- ISBN 978-7-121-49672-1

Ⅰ．TP37；G203

中国国家版本馆 CIP 数据核字第 2025Y3A961 号

责任编辑：宁浩洛
印　　刷：三河市鑫金马印装有限公司
装　　订：三河市鑫金马印装有限公司
出版发行：电子工业出版社
　　　　　北京市海淀区万寿路 173 信箱　　邮编：100036
开　　本：720×1000　　1/16　　印张：13　　字数：208 千字
版　　次：2025 年 7 月第 1 版
印　　次：2025 年 7 月第 1 次印刷
定　　价：79.00 元

凡所购买电子工业出版社图书有缺损问题，请向购买书店调换。若书店售缺，请与本社发行部联系，联系及邮购电话：(010) 88254888，88258888。

质量投诉请发邮件至 zlts@phei.com.cn，盗版侵权举报请发邮件至 dbqq@phei.com.cn。

本书咨询联系方式：(010) 88254465，ninghl@phei.com.cn。

随着多媒体技术和互联网技术的快速发展，多媒体服务在互联网中的应用越来越广泛，但这也带来了一些安全与信任方面的问题：一方面，多媒体内容在帧或像素层级上的语义信息容易遭到攻击者的篡改；另一方面，多媒体内容概念层级上的描述信息也容易遭到攻击者的篡改，从而造成网络多媒体信息的语义失真。这对多媒体服务的健康发展构成了严重威胁，也促使作者思考如何在网络环境中有效地对多媒体信息进行认证，研究适用于网络环境的多媒体信息可信认证技术。

自 2008 年以来，作者参与了多项网络信息共享与安全可信技术领域的国家级项目，在"多层网络数据语义分类与理解技术研究"项目的研究中，明确了网络数据在语义解析和理解方面面临的语义障碍问题，研究了统一内容定位在描述网络数据多层语义方面的应用，实现了网络数据多层语义信息的有效融合；在国家自然科学基金项目"非对称广域覆盖信息共享网络理论与关键技术"的研究中，提出了非对称网络互补结构在网页数据信息可信计算方面的模型和算法，探索了共享网络中基于非对称网络结构的理论模型；在国家自然科学基金项目"基于语义融合的社会化媒体大数据隐私保护与信任机制"的研究中，提出了融合高层语义信息与底层语义信息的可信内容标引模型，建立了网络多媒体信息的可信认证框架，并对其应用进行了探索；在国家自然科学基金项目"智能网联汽车社交隐私保护与信任管理机制"的研究中，提出了在线社交网络共享视频认证框架，分析了在线社交网络用户兴趣的相似性对用户身份及用户生成内容可信评估的影响，建立了基于用户行为的共享视频可信评估方法。

　　本书以课题组在网络多媒体信息安全认证模型与技术等方面的相关研究成果为基础进行编写，分为 7 章。第 1 章分析了网络多媒体信息的可信安全问题，指出了网络多媒体信息在信源、传输及接收方面可能面临的安全威胁，提出了适用于网络多媒体信息可信认证的可信内容标引，并建立了网络多媒体信息可信认证模型与框架。第 2 章～第 5 章分别对基于解码关系图拓扑排序的视频流认证技术、基于中心校准的图像哈希认证技术、具有最大鲁棒性的视频哈希认证技术及基于视频远程证明协议的视频认证技术进行了介绍，提出了适用于网络丢包特性的不同类型及形式的多媒体信息可信认证模型和算法，并通过实验仿真验证了算法的有效性、鲁棒性和安全性。第 6 章～第 7 章对共享视频认证进行了研究，第 6 章提出了基于非对称网络结构的共享视频认证技术，并通过理论分析证明了非对称网络结构共享视频认证的安全性和有效性；第 7 章研究了在线社交网络环境中共享视频的安全性，提出了融合共享视频内容属性和社交属性的共享视频可信度计算方法，对未来网络中多媒体信息安全、网络多媒体可信服务等具有重要的参考价值。

　　本书汇集了很多人的辛勤劳动。西南科技大学马强副教授负责本书的体系结构制定、内容规划，以及撰写过程中的组织与协调工作，参与了第 1 章～第 7 章的撰写；河南科技大学邢玲教授参与了本书的内容规划与章节安排，同时参与了第 1 章～第 7 章的撰写；西南科技大学李强教授参与了第 1 章～第 7 章的撰写。课题组研究生戴军、冯家衡在本书的参考文献校对、排版及图表规范等方面做了大量细致的工作。本书由马强、邢玲和李强统稿。

　　本书的撰写得到了国家自然科学基金项目的大力支持，很多同事和学者热情参与，提出了宝贵的建议，在此表示衷心的感谢！同时感谢电子工业出版社对本书出版的支持和帮助。

　　限于作者水平，加之时间仓促，书中难免存在不足之处，欢迎读者提出宝贵意见。

作　者

目录

<<<<< CONTENTS

第1章　网络多媒体信息可信认证模型

随着多媒体技术和移动互联网技术的快速发展，各种基于多媒体信息的服务在互联网中的应用越来越广泛。多媒体内容（多媒体信息的载体或表现形式）虽然具有丰富的语义表达能力，但也存在着安全与信任方面的风险。一方面，多媒体内容本身，即帧级别或像素层级上的语义信息容易遭到攻击者的篡改，从而造成底层语义信息的失真；另一方面，多媒体内容概念层级上的描述信息，即高层语义信息也容易遭到攻击者的篡改。因此，寻找一种有效的可信认证技术，实现对在互联网中传输的多媒体内容的安全、有效认证，是实现安全、可信的多媒体服务的关键。

本章将分析网络多媒体信息可信安全问题，介绍用于网络多媒体内容完整性认证的可信内容标引、可信内容标引的特点、基于可信内容标引的网络多媒体信息可信认证模型，阐述该模型如何实现对视频、图像等多媒体信息进行认证，并对该模型的安全性进行证明。

1.1　网络多媒体信息可信安全问题分析

近年来，由于互联网通信技术的快速发展及多媒体技术的大量应用，网络多媒体信息服务，特别是视频服务已在众多互联网服务中占据重要地位。相较于字符、文字、图片等静态信息载体，视频由于能提供更加形象、丰富的动态信息，被广泛应用于互联网媒体中，如视频分享网站、视频新闻、视频会议、视频点播等。中国互联网络信息中心发布的《第 54 次中国互联网络发展状况统计报告》显示，截至 2024 年 6 月，我国网络视频用户规模达 10.68 亿人，较 2023 年 12 月增长 125 万人，占网民整体的 97.1%。其中，短视频用户规模达 10.50 亿人，占网民整体的 95.5%。视频在内容格式方面呈现差异化发展，各主流视频分享网站纷纷向体育、漫画等领域发展。《中国网络视听发展研究报告（2024）》显示，截至 2023 年 12 月，网络长视频平台作品存量已达 12 万余部，网络音频、网络音乐总作品数量超过 2.7 亿个，网络短视频账号总数已超过 15 亿个，网络视听等多媒体内容市场已达万亿规模。由此可见，网络多媒体服务，特别是视频服务已成为网络信息共享中的重要组成部分。

由于互联网网络体系结构的开放性及多媒体内容编辑软件的广泛使用，在互联网上传输的多媒体内容也随之出现了安全、管理方面的问题。数字多媒体信息本身具有的传输方便、易于分发、无损复制等特点加剧了多媒体信息可信安全问题的严重性，如视频内容的篡改、非法窃取与泄露。

国内著名的影视作品著作权案："窝窝电影"视频网站在 2015 年非法复制至少 9 家影视公司的视频，从相关电影网站上以加框链接形式盗取视频，下载 500 余部影视作品，并在互联网上提供免费在线播放或免费下载，以广告形式牟取非法利益达百万元。用户在观看该网站视频时，由于该网站采用加框链接方式隐藏了原来网站的标识信息，因此用户无法判断该视频的播放源是哪里，无法信任视频提供者的身份信息。例如，随着人工智能技术的大量应用，一些网络不法分子通过受害者照片合成换脸视频，以达到解锁其社交媒体账号或实施诈骗等目的。这类合成视频是通过人工智能等深度学习技术拼接而成的，视频内容缺乏完整性。因此，数字多媒体信息的可信安全问题已成为多媒体服务发展中亟待解决的重要问题。

本书从多媒体内容高层语义信息和底层语义信息的可信方面来研究多

媒体信息的可信认证技术，下面给出多媒体高层语义信息和底层语义信息的定义。

定义 1.1 多媒体内容的高层语义信息是指该多媒体内容概念层级上的描述信息。该信息通常是多媒体内容在生成过程中为了方便其他用户检索、人机直接交互而人为添加的以文本为载体的描述信息。高层语义信息反映了多媒体内容的创作者或发布者对多媒体内容的概念层级的总结，它包括多个属性，如标题、创作者、关键字等。

定义 1.2 多媒体内容的底层语义信息是指该多媒体内容能够为其他用户提供感知内容的数据，通常数字多媒体内容以二进制数据形式存在，如图像的像素矩阵、视频的帧序列。底层语义信息不需要多媒体内容的创作者或发布者对其进行概念层级的总结，而是由用户自己感知其内容并形成自己对该多媒体内容的理解。

用户在互联网上播放、观看多媒体内容时，除可以获得丰富的视觉、听觉感知内容外，还可以获得该多媒体内容的一些描述信息。这些描述信息极易遭到攻击者的篡改，被篡改后的多媒体内容被攻击者传播。底层语义信息容易遭受攻击者添加恶意信息、删除底层数据等威胁，因此需要寻找有效的可信认证方法，以保证底层语义信息的安全。

基于描述信息的高层语义信息同样对用户理解多媒体内容有着重要影响：一方面，这些高层语义信息是用户对多媒体内容进行检索、查询的重要线索，是用户试图对寻找的多媒体内容在本体语义空间进行有效定位的依据；另一方面，这些高层语义信息也面临着安全方面的威胁，如攻击者篡改多媒体内容的创作者信息并重新发布，多媒体内容的版权、来源信息极易遭受破坏。因此，需要寻找一种有效的方法来保证高层语义信息的安全。

互联网体系结构的开放性与透明性决定了在其中传输的多媒体内容面临着严重的安全问题。从简单的通信系统模型来看，多媒体内容在网络上传输时，其语义信息面临的威胁主要来自以下 3 个方面。

（1）多媒体内容的信源可信性不足。

多媒体内容的提供者（信源）可以以任意方式接入互联网，发布多媒体内容。目前，互联网中视频门户网站、视频下载软件层出不穷，它们对上传视频内容到网络的用户身份的合法性缺乏有效的监管。一方面，用户可能持有盗版视频，但声称自己对该视频拥有版权，并在网络中传播该视频；另一方面，对于在网络中传播的非法视频，无法有效地跟踪视频的提供者。因此，伴随着"三网融合"的不断发展，人们急需寻找一种有效的方法解决多媒体内容信源的可信认证问题。

（2）多媒体内容传输过程中面临着安全威胁。

由于网络 IP 协议具有开放性，因此在互联网中传输多媒体内容时不能保证其安全性。例如，中间人攻击可以对多媒体内容的传输过程发起攻击，修改多媒体内容或者加入其他信息，如版权信息、虚假或违法信息，使得传输到接收端的多媒体内容完整性遭到破坏。同时，攻击者可以嗅探多媒体内容的数据包，对多媒体内容发起帧丢弃、帧重组等攻击，破坏其内容的语义信息。因此，研究网络中多媒体内容传输过程的安全性，也是多媒体内容安全认证技术的一个重点。

（3）多媒体内容接收端的可信问题。

目前，多媒体内容接收端通常采取口令的方式进行认证，攻击者一旦破解口令获取多媒体内容，就可以对多媒体内容进行非法复制或者传播。而非法用户也可以通过重组多媒体内容的数据包来恢复多媒体内容的数据和结构，从而获取多媒体内容。此外，多媒体内容接收端是否正确地接收到合法的多媒体内容，如视频会议中确保对方收到合法视频，也是多媒体信息可信认证中一个需要研究的问题。因此，多媒体内容接收端的可信及对接收端收到的多媒体内容的安全认证研究也是保证多媒体信息可信的重要环节。

从上面的分析可以看出，保证互联网中多媒体信息的安全可信，既要对多媒体内容的高层语义信息进行安全认证，也要对多媒体内容的底层语义信息进行安全认证，这是实现多媒体内容完整性安全认证的关键。对于高层语义信息的标引，课题组前期积累了一定的研究基础[1-4]，在理论与实践方面形成了一套对多媒体信息资源在语义空间中进行有效定位的方法。本书将在此基础上对网络多媒体信息的安全认证进行深入研究，从保证多媒体内容高层语义信息和底层语义信息完整性的角度出发，针对多媒体内容在互联网传输过程中面临的安全威胁，寻找相应的可信认证模型和可信认证算法，为网络多媒体服务的健康发展提供一定的研究基础和应用价值。

1.2 网络多媒体信息可信内容标引

在互联网中传输多媒体内容（如视频、图像、音频等）时，对于多媒体内容的接收端来说，可以获得的信息主要包括两个层面：理解多媒体内容的概念层级的描述信息和理解多媒体内容的视觉或听觉层级的感知信息。这两个层级的信息构成了一个多媒体内容的语义信息的完整性表示，前者是多媒体内容创作者或发布者对多媒体内容的概念实例化描述数据，包括内容描述、格式描述等，后者则是多媒体内容本身进行展示（如播放、显示等）的数据，如视频的帧序列、图像的像素矩阵等。因此，针对互联网上的多媒体内容完整性认证问题，有必要从这两方面信息是否安全可信入手进行研究。

传统的多媒体信息安全技术主要围绕着 CIA（Confidentiality, Integrity, Availability）三要素展开，即机密性、完整性和可用性。其中与多媒体信息可信认证相关的概念是多媒体内容的完整性，但目前大部分针对多媒体内容的完整性研究主要从底层数据入手，鲜少涉及多媒体内容的描述信息的完整性，如多媒体内容的创作者信息、标题信息等，这些信息的完整性缺乏一种有效的可信认证手段。因此，本书提出采用"可信内容标引"这一概念来研究多媒体内容高层语义信息和底层语义信息的完整性。本书对多媒体信息可信的定义如下。

定义 1.3 多媒体信息可信是指该多媒体内容的高层语义信息是完整的，并且底层语义信息也是完整的，没有经过篡改，多媒体内容具有真实性。

对于多媒体信息可信，目前还没有有效的模型对其进行描述，特别是对于在互联网中传输的多媒体信息。对多媒体内容概念层级的描述，采用对多媒体内容在语义空间进行多维度标引的方法[5]。将所有多媒体内容构成的多媒体信息资源空间表示为 $\mathcal{M}$，其中对于某个多媒体内容 M，表示为 $M \in \mathcal{M}$。

定义多媒体内容的高层语义空间为 $\mathcal{S}$，并将高层语义空间 $\mathcal{S}$ 按照多媒体语义特征划分为多个相互独立、具有层次结构的语义子空间，每个语义子空间表示多媒体内容某个概念的描述，因此多媒体内容的高层语义信息可以表示成语义子空间的直积形式：

$$\mathcal{S} = \mathcal{S}_1 \times \cdots \times \mathcal{S}_i \times \cdots \times \mathcal{S}_n \qquad (1\text{-}1)$$

式中，n 为高层语义空间的语义粒度；$\mathcal{S}_i$ 为第 i 个语义子空间。

对于多媒体内容 M，若获得该多媒体内容在各个语义子空间的实例化数值，则其高层语义信息可表示为向量形式，即

$$\boldsymbol{S} = [s_1, \cdots, s_i, \cdots, s_n] \qquad (1\text{-}2)$$

式中，s_i 是多媒体内容 M 在语义子空间 $\mathcal{S}_i$ 的实例化数值。

定义多媒体内容的底层语义空间为 $\mathcal{H}$。考虑到互联网传输的特点，采用具有鲁棒性的鲁棒哈希算法 $H(\cdot)$ 来提取多媒体内容的底层语义信息表示。因此，按照对多媒体内容的操作特性的不同，可以将多媒体信息资源空间 $\mathcal{M}$ 中存在的多媒体内容分为以下 3 类。

（1）对多媒体内容 M 进行保持其感知内容（如视觉、听觉）操作（如图像的尺寸缩放、压缩等）后形成的集合，用 M_s 表示，并且 $M_s \in \mathcal{M}$。

（2）对多媒体内容 M 进行修改其感知内容（如视觉、听觉）操作（如视频帧修改、图像篡改等）后形成的集合，用 M_d 表示，并且 $M_d \in \mathcal{M}$。

（3）与多媒体内容 M 不相关、完全不同的多媒体内容形成的集合，用 M_c 表示，并且 $M_c \in \mathcal{M}$。

若分别对以上 3 类多媒体内容采用鲁棒哈希算法，则可以获得相应的鲁棒哈希值，即

$$H=H(M) \tag{1-3}$$

$$H_s=H(M_s) \tag{1-4}$$

$$H_d=H(M_d) \tag{1-5}$$

$$H_c=H(M_c) \tag{1-6}$$

显然，它们存在着关系：$\mathcal{H}=H \cup H_s \cup H_d \cup H_c$。

对于多媒体内容 M，高层语义信息采用向量 $\boldsymbol{S}$ 来表示，底层语义信息采用 H 来表示，因此 M 的可信内容标引 $\boldsymbol{T}$ 可表示为

$$\boldsymbol{T}=(\boldsymbol{S}\ H) \tag{1-7}$$

多媒体内容 M 的可信内容标引如图 1-1 所示。

图 1-1 中，高层语义空间 $\mathcal{S}=\boldsymbol{S} \cup \boldsymbol{S}_{dc}$；$\boldsymbol{S}_{dc}$ 表示与 M 不同的多媒体内容（包括修改感知内容和内容不相关的多媒体内容）的高层语义信息。多媒体内容集合 M_s 的哈希值与 M 的哈希值之间的关系为

$$\|H-h\| \leqslant \varepsilon,\ \forall h \in H_s \tag{1-8}$$

式中，h 表示多媒体内容集合 M_s 的哈希值；ε 表示多媒体内容底层语义哈希值允许变动的最大鲁棒阈值。可以看出，在高层语义信息的定义上，没有采用与底层语义信息类似的鲁棒性，其原因有以下两点。

（1）多媒体内容的高层语义信息属于概念层级的文本表示，对用户理解多媒体内容至关重要，具有极强的敏感特性，如多媒体内容语义子空间——生成时间，若实例化数值由"2016"变为"2006"，虽然仅有一位字符改变，但高层语义向量 S 的值将彻底改变。

（2）采用多媒体内容的高层语义信息实现在多媒体信息资源空间的定位，即先判断多媒体内容的高层语义信息是否完整，再判断其底层语义信息是否完整，这在一定程度上有利于多媒体信息的可信认证。

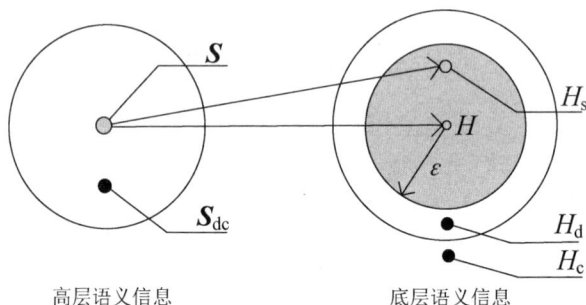

高层语义信息　　　　　　底层语义信息

多媒体信息资源空间中的任一多媒体内容 M，其高层语义向量为 S，与 M 内容不同的多媒体内容的高层语义向量为 S_{dc}；M 的哈希值为 H，对 M 进行保持感知内容操作后形成的多媒体内容集合的哈希值为 H_s，对 M 进行修改感知内容操作后形成的多媒体内容集合的哈希值为 H_d，与 M 内容不相关、完全不同的多媒体内容集合的哈希值为 H_c。

图 1-1　多媒体内容 M 的可信内容标引

1.3　网络多媒体信息可信内容标引的特点

对于多媒体内容的底层语义鲁棒哈希值的特点，已有不少的文献[6-7]进行了论述。本书在此基础上，将其扩展至多媒体信息可信内容标引模型上，总的来说，可信内容标引的特点包括安全性、鲁棒性、无冲突性、篡改敏感性和紧凑性。

1.3.1　安全性

安全性是指在对多媒体内容生成可信内容标引的过程中，能够抵抗各种攻击，使得攻击者不能破解生成过程，从而不能构造非法的可信内容标引。安全性主要体现在多媒体内容的底层语义信息上。通常情况下，在底层语义鲁棒哈希值的生成过程中，采用基于密钥（$\mathcal{K}$）控制的哈希算法，这在一定程度上提高了可信内容标引的安全性。安全性包括以下两个方面。

（1）单向散列性。

单向散列性是指能够较容易地由多媒体内容生成底层语义信息，但从底层语义信息却很难恢复出原多媒体内容。令原多媒体内容 M 的可信内容标引为 $\boldsymbol{T}=(\boldsymbol{S}\,\boldsymbol{H})$，则由 $\boldsymbol{T}$ 推导出多媒体内容 $M' \in \mathcal{M}$ 和密钥 $K_1 \in \mathcal{K}$，使得 $M' = M$，具有以下关系：

$$\mathrm{pr}(H(M',K_1) == H) \approx 2^{-L} \approx 0 \qquad (1\text{-}9)$$

式中，pr( )表示概率；L 为底层语义鲁棒哈希值的长度，并假定鲁棒哈希值中 0 和 1 的取值为均匀分布，因此由 $\boldsymbol{T}$ 获得原多媒体内容的概率趋于 0。

（2）不可预见性。

不可预见性是指对于同一个多媒体内容，在已知其内容的情况下，由 $\boldsymbol{T}$ 推导出多媒体内容的底层语义鲁棒哈希值 H'，使得 $H' = H$，具有以下关系：

$$\mathrm{pr}(H(M,K_2) == H') \approx 2^{-L} \approx 0 \qquad (1\text{-}10)$$

式中，$K_1, K_2 \in \mathcal{K}$ 且 $K_1 \neq K_2$。K_1 与 K_2 表示对 M 进行鲁棒哈希值计算时采用的密钥，所生成的鲁棒哈希值分别为 H 与 H'。

在设计底层语义提取的鲁棒哈希函数时，通常要求密钥引入的信息熵最大，以提高鲁棒哈希值的安全性。

1.3.2　鲁棒性

鲁棒性是指多媒体内容底层语义信息的稳健特性，即允许对多媒体内容进行一些保持感知内容的操作，而其底层语义鲁棒哈希值不会改变或改变值在一定的允许范围内。令原多媒体内容 M 的可信内容标引为 $\boldsymbol{T}=(\boldsymbol{S}\ H)$，对 M 进行保持感知内容操作后的多媒体内容为 $M_{\text{ident}} \in M_s$，其可信内容标引为 $\boldsymbol{T}_{\text{ident}}=(\boldsymbol{S}_{\text{ident}}\ H_{\text{ident}})$，则有以下关系：

$$\boldsymbol{S} = \boldsymbol{S}_{\text{ident}} \wedge \left\| H - H_{\text{ident}} \right\| \leqslant \varepsilon \tag{1-11}$$

式中，$\wedge$ 表示逻辑与；ε 为鲁棒哈希值距离比较阈值，即若两个多媒体内容的鲁棒哈希值距离小于或等于给定参数值，则判定两者的底层语义信息相同；$\boldsymbol{S} = \boldsymbol{S}_{\text{ident}}$ 表示鲁棒性操作不会改变多媒体内容的高层语义信息。

1.3.3　无冲突性

无冲突性是指在多媒体信息资源空间中，任意两个不同的多媒体内容具有不相等的可信内容标引，即 $M_1 \in M$，$M_2 \in M$，M_1 与 M_2 内容完全不相关，且各自的可信内容标引为 $\boldsymbol{T}_1=(\boldsymbol{S}_1\ H_1)$、$\boldsymbol{T}_2=(\boldsymbol{S}_2\ H_2)$，则存在以下关系：

$$\boldsymbol{S}_1 \neq \boldsymbol{S}_2 \wedge \text{pr}(\left\| H_1 - H_2 \right\| > \tau) \approx 1 \tag{1-12}$$

式中，τ 为理论计算或实验选定的阈值，即若底层语义鲁棒哈希值之间的距离大于给定的阈值，则判断这两个多媒体内容具有不同的底层语义信息；而 $\boldsymbol{S}_1 \neq \boldsymbol{S}_2$ 表示 M_1 与 M_2 具有不同的高层语义信息。

式（1-12）表明，对于不同的多媒体内容，可信内容标引中的高层语义向量不相等，并且其底层语义鲁棒哈希值之间的距离大于给定阈值的概率接近 1。

1.3.4　篡改敏感性

篡改敏感性是指对多媒体内容进行篡改后，通过可信内容标引能够发现这一行为。其中，被篡改的多媒体内容包括两方面：一是多媒体内容的高层语义信息；二是多媒体内容的底层语义信息。对后者的篡改主要指该操作破坏了原多媒体内容中的感知内容，使用户对该多媒体内容的理解出现了偏差。令原多媒体内容 M 的可信内容标引为 $T=(S\ H)$，对 M 的内容进行篡改后得到的多媒体内容为 M_{diff}，$M_{diff} \in \{ M_d \cup M_c \}$，其可信内容标引为 $T_{diff}=(S_{diff}\ H_{diff})$，则有以下关系：

$$S \neq S_{diff} \vee \| H - H_{diff} \| > \varepsilon \qquad (1\text{-}13)$$

式中，$\vee$ 表示逻辑或。在对 M_{diff} 进行定义时，将与原多媒体内容 M 完全不相关的多媒体内容集合 M_c 中的多媒体内容也视为对 M 进行篡改后得到的多媒体内容，以方便对 M 的底层语义信息完整性进行认证，即只要 H_{diff} 与 H 之间的距离大于给定阈值，断定原多媒体内容的底层语义信息遭到了篡改。

1.3.5　紧凑性

紧凑性是指多媒体内容生成的可信内容标引的长度应尽可能短，以有利于可信内容标引的存储与传输。为达到这一要求，需要 $T=(S\ H)$ 中各分量的长度尽量小。其中，S 的长度取决于高层语义空间的语义粒度及对各个语义子空间属性大小的规定。语义粒度越大，对高层语义空间的划分越精细，多媒体内容定位就越准确；反之，语义粒度越小，虽然 S 的长度减小，但多媒体内容在高层语义空间的定位越粗糙，无法保持其唯一性。该语义粒度可根据实验数据进行分析，以获得最优的权衡取值。底层语义鲁棒哈希值 H 的特

点与 S 类似。

可信内容标引的五个特点之间存在着矛盾的关系，因此设计有效的多媒体信息可信内容标引不可能使每个特点都达到最优。实际中，需要根据应用背景的不同有选择地对这些特点进行权衡。若要对多媒体信息进行认证，则安全性、篡改敏感性更为重要；若要对多媒体信息进行检索，则鲁棒性、紧凑性更为重要。本书在设计多媒体内容鲁棒哈希算法时，将对多媒体信息可信内容标引的鲁棒性、篡改敏感性进行权衡研究。

1.4 基于可信内容标引的网络多媒体信息可信认证模型

在采用可信内容标引实现多媒体信息可信认证时，其步骤主要包括发送端多媒体内容语义分析及管理、接收端语义提取与安全比较。基于可信内容标引的网络多媒体信息可信认证模型如图 1-2 所示。

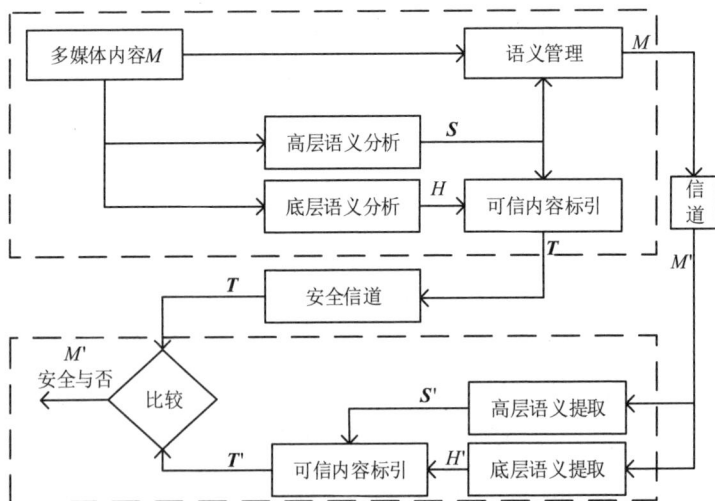

图 1-2　基于可信内容标引的网络多媒体信息可信认证模型

令发送端待发送的多媒体内容为 M，首先对该多媒体内容进行语义分析，分析其高层语义信息和底层语义信息。高层语义信息一般由多媒体内容创作者或发布者定义，包括该多媒体内容语义子空间的语义粒度、属性特征等。多媒体内容创作者或发布者的身份安全可信是该多媒体内容安全的前提，实际中可以采用基于公钥基础设施（Public Key Infrastructure，PKI）的认证中心对其进行认证管理。

在语义管理部分，将所形成的高层语义信息以元数据形式添加至多媒体内容中，或以 XML 格式放在多媒体内容的头部或尾部，在接收端进行多媒体内容重放时，该部分语义信息将显示给接收者。如 H.264 视频流中附加增强信息（Supplemental Enhancement Information，SEI）数据单元可以用来传输用户自定义的高层语义信息；图像 JPEG 编码文件头部的"APPn"标记单元可以用来传输该图像的高层语义信息。基于 Dublin Core 元数据研究和前期工作[3-5]，本书定义多媒体内容的高层语义空间为 14 个语义子空间，这些语义子空间包括标题、关键字、分类、描述、来源、语言、范围、标识、创作者、出版者、贡献者、权益、日期和类型。

多媒体内容发送端生成的可信内容标引 T 和经过语义管理的多媒体内容 M 同时传送至接收端。其中，用来认证多媒体信息的可信内容标引 T 通过安全信道传输至接收端。实际中可以采用数字签名方法对可信内容标引的完整性进行签名，基于 PKI 实现对合法用户的身份认证及统一的可信内容标引管理，将可信内容标引从发送端安全地传输至接收端。多媒体内容 M 在互联网中传输，所经过的信道是不安全的，令到达接收端的多媒体内容为 M'。接收端对 M' 进行语义分析，分别提取其中的高层语义信息 S' 和底层语义信息 H'，获得相应的可信内容标引 T'；接收端通过比较可信内容标引 T 与 T'，判断获取的多媒体内容 M' 是否与原多媒体内容 M 一致。若一致，则说明该多媒体内容的完整性没有被破坏，否则完整性遭到了破坏。

从对基于可信内容标引的网络多媒体信息可信认证模型的介绍中可以看出，该标引过程既有主动认证，也有被动认证。多媒体内容高层语义分析是指多媒体内容拥有者以主动形式添加对内容概念层级的定义，能体现一系列的语义本体信息、版权控制信息等；与采用数字水印方法将语义或控制信息嵌入多媒体内容中不同，多媒体内容高层语义分析不会对多媒体内容的感知内容进行修改，仅以元数据或 XML 格式存放高层语义信息。多媒体内容底层语义分析则是一种被动的认证过程，通过获取多媒体内容底层重要的感知内容来进行描述。

通过对图 1-2 中几个关键过程的分析可以看出，若要实现高效、可靠的多媒体信息认证，应解决以下 2 个关键问题。

（1）研究有效的底层语义分析技术，即设计适用于网络多媒体信息认证的鲁棒哈希算法。

（2）研究有效的可信内容标引传输协议，以及可信内容标引传输信道与多媒体内容传输信道之间的关系。

在接收端对多媒体信息进行安全验证时，获取的多媒体内容既可以是完全下载后的内容，也可以是流式传输的多媒体内容，从而实现在解码之前对其信息的安全性进行验证。

1.5 网络多媒体信息可信认证模型的安全性分析

在网络多媒体信息可信认证模型中，多媒体信息的认证数据与内容数据采用不同的信道进行传输，即两类数据采用了相分离的传输方式。多媒体内容 M 在不安全的互联网共享信道中传输，可信内容标引 $T=(S\ H)$ 在安全信道中传输，且该信道采用基于 PKI 技术实现信息传输的机密性、可用性和完整性。因此，假设传输的可信内容标引 T 是安全的。该假设是合理的，因为 PKI

技术采用了非对称加密算法，由认证中心产生、维护或收回认证中其他认证实体的公钥，认证实体之间的信息传输采用加密和签名的方式，能够有效地抵抗来自攻击者的攻击。

假定攻击者对多媒体内容 M 发起攻击，从攻击者的目的来看，可以将攻击分为三类。

（1）对 M 高层语义信息的攻击。

（2）对 M 底层语义信息的攻击。

（3）同时对 M 高层语义信息和底层语义信息的攻击。

对于第一类攻击，攻击者对多媒体内容 M 的可信内容标引(S H)中的 S 分量进行篡改或添加，此时受到攻击后的多媒体内容用 M' 表示，接收端通过语义管理所提取的可信内容标引为(S' H)。在进行完整性认证时，首先对 M' 的高层语义信息进行定位，由图 1-1 可知，此时 $S' \in S_{dc}$，且根据可信内容标引的无冲突性可知，$H' \in H_d$ 或 $H' \in H_c$，故此时所提取的可信内容标引中底层语义鲁棒哈希值与 H 不相等，判定 M' 为非可信的多媒体内容。

对于第二类攻击，攻击者破坏 M 的底层语义信息完整性，被破坏后的多媒体内容 M' 对应的可信内容标引为(S H')，根据可信内容标引的安全性可知，此时 $H' \in H_d$，故多媒体内容 M' 不可信。

对于第三类攻击，攻击者对 M 的高层语义信息和底层语义信息同时进行攻击，得到多媒体内容 M' 的可信内容标引为(S' H')。此时，攻击者的行为相当于产生一个新的多媒体内容。根据可信内容标引的安全性可知，此时 $S' \in S_d$，故判定多媒体内容 M' 不可信，攻击者无法通过同时修改多媒体内容的高层语义信息和底层语义信息，实现虚假、伪造多媒体信息的可信。

由以上分析可以看出，网络多媒体信息可信认证模型满足网络多媒体信息资源的可信性、完整性认证要求。

参考文献

[1] MA Q, XING L, WU B. Technique for authenticating scalable video coding streams with bandwidth awareness[J]. ICIC Express Letters Part B: Applications, 2015, 6(11): 3121-3126.

[2] MA Q, XING L, WU B. A semantic watermarking technique for authenticating video of H.264[J]. Applied Mechanics and Materials, 2013, 1197-1200.

[3] XING L, MA Q, ZHU M. Tensor semantic model for an audio classification system[J]. Science China-Information Sciences, 2013, 56 (6): 1-9.

[4] XING L, MA Q, FU R, et al. A secure semantic transmission method for digital image based on UCL[C]//2012 International Conference on Measurement, Information and Control, 2012, 813-816.

[5] XING L, MA Q, WU H, et al. General multimedia trust authentication framework for 5G networks[J]. Wireless Communications & Mobile Computing, 2018: 1-9.

[6] LI Y, LU Z, ZHU C. Robust image hashing based on random Gabor filtering and dithered Lattice vector quantization[J]. IEEE Transactions on Image Processing, 2012, 21 (4): 1963-1980.

[7] QIN C, CHANG C C, TSOU P L. Robust image hashing using non-uniform sampling in discrete Fourier domain[J]. Digital Signal Processing, 2013, 23 (2): 578-585.

第2章 基于解码关系图拓扑排序的视频流认证技术

　　针对网络多媒体信息中视频的可信认证，本章从视频流的角度对视频的底层语义信息可信进行研究。本章针对互联网由于网络拥塞、路由器排队等原因造成的视频数据包丢弃等问题，研究具有鲁棒性的视频流认证技术；通过分析视频流的结构特点，研究视频流恢复质量与网络信道丢包概率的关系，提出具有最大恢复质量、最小认证负载的视频流认证技术。

　　从通信模型的角度看，视频流认证是指视频发送端对视频进行认证并在经过视频编码的流中添加相应的认证信息，视频接收端对从信道中获取的视频流进行安全验证，以确保视频从视频发送端到视频接收端的这一通信过程是安全的，视频接收端接收到的视频流具有完整性。本章首先简要介绍视频流认证技术、可伸缩编码 H.264/SVC（Scalable Video Coding，可扩展视频编码）结构；然后详细描述解码关系图拓扑排序认证算法及基于解码关系图拓扑排序的视频流认证框架，实现对 H.264/SVC 视频流的认证，并提出基于质量层的认证负载优化策略，以降低认证信息的通信带宽消耗；最后通过实验仿真验证该认证框架和认证负载优化策略的有效性。

2.1　视频流认证技术分析

　　多媒体内容（如视频、图像等）在互联网中传输时，从互联网协议的网络层来看，是先将多媒体内容分解为网络数据包进行传输，然后视频接收端将这些网络数据包组合起来，重构原来的多媒体内容。而互联网的开放性决定了互联网上传输的网络数据包不是绝对安全的，因此有必要从网络数据包角度研究多媒体内容传输的安全性。对于多媒体内容的接收者来说，采用多媒体流认证时，不需要下载或存储全部多媒体内容，就可对接收到的多媒体内容的安全性进行判定，因此该方法在实时性要求较高的场景中使用较广，如视频会议、视频组播服务。目前，已有许多研究围绕着多媒体流认证技术展开，主要分为基于图结构的多媒体流认证和基于编解码方法的认证[1-2]。

在基于图结构的多媒体流认证方面，Gennaro 等人提出的基于哈希链的多媒体流认证[3]的基本思想是多媒体数据块采用环环相扣的方法实现认证，如图 2-1 所示。将第 $i+1$ 个多媒体数据包的哈希值（如消息摘要 MD5）附加在第 i 个多媒体数据包上，依此类推，i 从 1 取值到 $N-1$；并对第 1 个多媒体数据包 P_1 进行签名，生成签名数据包 P_{sig}。该方法的缺点是在存在多媒体数据包丢弃的网络中可能无法实现认证。

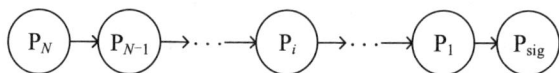

$$P_N \rightarrow P_{N-1} \rightarrow \cdots \rightarrow P_i \rightarrow \cdots \rightarrow P_1 \rightarrow P_{sig}$$

图 2-1　基于哈希链的多媒体流认证

此后，出现了一些哈希链的改进方法。Wong 等人提出了基于树状结构的多媒体流认证方法[4]，即先将多媒体数据包的哈希值以树状结构组织起来，再对树的根节点进行签名。如图 2-2 所示，四个叶节点 P_1、P_2、P_3、P_4 是待传输的多媒体数据包，先将每两个叶节点的哈希值进行组合，生成哈希值构成其前驱节点，依次进行组合，直到形成树的根节点 H_{1-4}，再对根节点进行签名，生成签名数据包 P_{sig}。Park 等人[5]对基于树状结构的多媒体流认证方法进行了改进，采用子树集合构成签名节点、叶节点随机附在中间节点的方法，提高了接收端多媒体数据包的认证概率。

针对基于哈希链的多媒体流认证效率低的问题，Perrig 等人提出了基于多条链路（Efficient Multi-chained Stream Signature，EMSS）结构的多媒体流认证方法[6]。该方法为每个多媒体数据包节点增添了两条额外的冗余边，指向其他后续节点。该方法对存在随机丢包的网络具有一定的适用性，但需要接收端缓存所有发送的多媒体数据包，且无法适用于由突发错误引起丢包的网络。

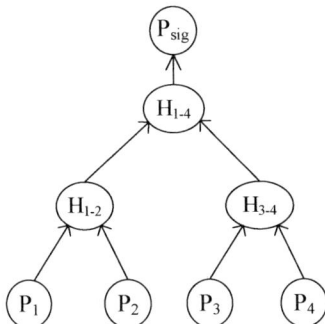

图 2-2　基于树状结构的多媒体流认证

Golle 等人也对哈希链进行了改进，在计算时间复杂度和认证的效率上进行权衡，提出了一种增广型哈希链结构[7]。其在待发送的任意两个多媒体数据包节点间插入一些由哈希值构成的节点，这在一定程度上可以应对由突发错误引起的丢包，但通信负载较大。

不同于哈希链，Zhang 等人[8]则提出了较为复杂的、基于蝴蝶型结构的多媒体流认证方法。如图 2-3 所示，其对多媒体数据进行分块，并对各块分别进行签名认证，各块中多媒体数据包的完整性哈希值以附加连接方式构成蝴蝶型，如第 $i+1$ 级多媒体数据包的完整性哈希值附着在第 i 级多媒体数据包的内容上，i 取值为 0 到 2。该多媒体流认证方法的特点是对于网络丢包的鲁棒性强，但通信负载较大。

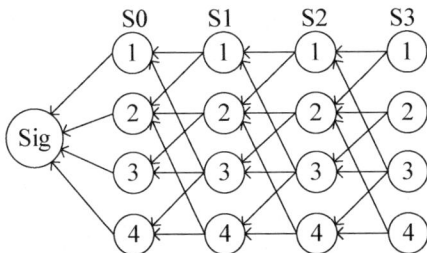

图 2-3　基于蝴蝶型结构的多媒体流认证

在基于编解码方法的多媒体流认证方面，Zhang 等人[9]提出了基于"信息率+失真+认证"的多媒体流认证方法。该方法的创新之处在于提出了接收端对获得的多媒体数据包进行认证时的认证概率这一指标，并且建立了最大化认证概率的目标优化函数。Zhang 等人[10]又针对基于蝴蝶型结构的多媒体流认证方法进行了改进，提出了一般化的蝴蝶型认证方法。该方法考虑到了不同视频流具有不同的权值，并利用之前提出的"信息率+失真+认证"方法对 H.264/AVC（Advanced Video Coding）视频流进行了一般化的蝴蝶型图形认证。该方法的不足之处在于没有考虑到视频流数据包之间相互编解码的关系，认证概率有待提高。

在 H.264 视频流认证方面，有较多的研究工作。Ueda 等人[11]针对 AVC 提出了一种基于 NAL（Network Abstraction Layer，网络抽象层）的流认证方法，该方法考虑了不同 NAL 数据的解码关系，但却没有研究不同 AVC 数据单元对视频帧恢复质量的影响差异。Mokhtarian 等人[12]针对 H.264/SVC 视频流提出了基于 FEC（Forward Error Correction，前向纠错）的认证方法，在时域较高层次上的帧采用前向纠错码对某一时域层上的哈希连接值进行编码，将其附着在较低一层的所有帧内容上。该方法的优点在于考虑到了视频流在时域上的帧相关特性，缺点在于对时域层之间的认证仍然采用链式结构。Wei 等人[13]提出基于加密方法和鲁棒哈希方法对 SVC 视频流实现认证，该方法分别对 SVC 视频流中的基础层、增强层数据提取特征，对基础层提取消息摘要码，对增强层数据的视频帧采用两次 NMF（Nonnegative Matrix Factorization，非负矩阵分解）方法提取哈希值向量，并将其与随机向量进行内积计算得到特征。

与 Zhang 等人提出的"信息率+失真+认证"方法类似，Zhu 等人[14]提出了采用"信源信道自适应"的 H.264/AVC 流认证方法，将认证与视频编码结合起来。该方法虽然在认证效率上得到了提高，但认证过程的计算复杂度大，且修改了原来视频流的编解码结构。

　　针对无线传感网络视频流传输，Wang 等人设计了基于"恢复质量+非均等安全保护"的多媒体流认证策略[15]。该策略针对 JPEG 2000 图像编解码结构采用层次化的认证方法。认证方法基于贪婪式认证过程，与基于哈希链的多媒体流认证过程类似，从底层图像数据至高层图像数据依次进行认证。易小伟等人[16]针对 JPEG 2000 图像压缩编码流传输提出了基于"哈希链和纠错码"方法进行认证，该方法实现了对图像恢复质量中具有不同重要性的编码信息进行不同等级的安全认证，具有较高的认证效率。

　　此外，Zhao 等人针对 H.264/AVC 视频流提出了基于"加密算法+纠删码"（ECC）的视频流认证方法[17]，该认证方法充分考虑了视频流中帧信息在时空域上的特点，采用的认证方式与编解码过程紧密结合，但没有分析信道中丢包情况对视频内容的影响。

　　由上面的分析可以看出，基于网络数据层的多媒体流认证由于考虑到互联网中数据包传输过程的特性，接收端能够对用于恢复多媒体信息的数据单元进行有效验证，因此重构后的多媒体信息具有来源与内容可信的特点。但网络丢包率、网络带宽、多媒体内容编解码结构、接收端恢复的多媒体内容质量、数据包的认证比等因素共同影响着多媒体流的认证效果。因此，研究与多媒体流编解码相关的认证方法，并且寻找具有最小化负载的认证策略，是多媒体流认证的重要研究方向。

　　若多媒体内容，特别是实时视频内容想要在互联网中正确传输，则需要将多媒体内容转换成可在互联网信道中传输的信息，通常需要对多媒体内容进行编码、数据流打包等操作，如图 2-4 所示。原多媒体内容中时域或空域的冗余较大，为提高通信有效性，需要对其进行压缩、编码，从而形成编码后的流。为了适应互联网信道中的信息传输格式，如基于 RTP（Real-time Transport Protocol，实时传输协议）/RTCP（Real-time Transport Control Protocol，实时传输控制协议）的流媒体协议，需要对流进行进一步封装，形成以网络数据包为单位的多媒体数据流。

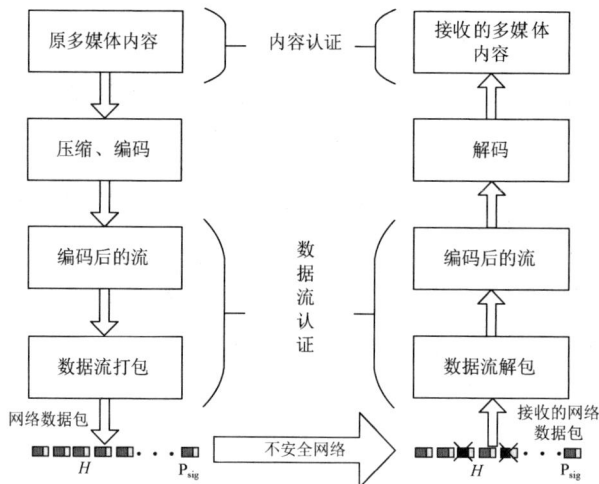

图 2-4 基于数据包的多媒体流认证流程

众所周知，互联网是一个开放的、不安全的通信环境，在其中传输的网络数据包极易遭受来自网络上的威胁，如攻击者对网络数据包内容进行篡改、恶意添加信息等，接收端恢复出的多媒体内容完整性极易遭受破坏。因此，针对接收端从网络上获得的数据包，需要能够有效地验证其内容是否遭到攻击、是否具有可信性。

本章从视频流的安全认证角度出发，分析视频流在互联网中传输时内容的完整性，其优点在于接收端在恢复视频帧序列之前，就能对接收到的视频内容完整性进行判断。本章提出的视频流认证方法能够用于具有实时传输要求的视频服务，如常见的 H.264/AVC、H.264/SVC 服务。

在图 2-4 中，网络数据包中的 H 表示添加在视频流中的哈希值，而 P_{sig} 为发送端添加的签名数据包。通常在视频流认证中，若接收端要实现对一连串视频流的安全认证，则需要一个认证起点，即签名数据包。该签名数据包中包含后续视频逻辑单元的哈希值，而后续视频逻辑单元的内容中又包含其后续视频逻辑单元的哈希值，依此类推，即可实现对整个视频流的认证。

本章将对 H.264/SVC 可伸缩视频流进行认证。此处研究的视频流认证对应本书提出的可信内容标引，主要围绕其底层语义信息的可信开展，高层语义信息的可信则可由发送端在签名数据包中指定。底层语义信息认证时的鲁棒性体现在从认证后的视频流中提取的任何子流仍然具有可认证性，此时提取不同码率的子流通常是为了适应不同带宽的子信道，选取不同时空域或质量域层数的数据单元构成视频流。

2.2　H.264/SVC 结构分析

2.2.1　H.264/SVC 编码特点

H.264/SVC 是一种广泛应用于网络视频会议、视频监控、视频流服务等场景的视频编解码标准，由 ITU 与 ISO/IEC 共同成立的联合视频小组（Joint Video Team，JVT）开发制定。H.264/SVC 是对 H.264/AVC 标准的扩展，也被称为 H.264/AVC 附加 G 扩展标准，它在后者的基础上添加了可伸缩性，编码后的视频流中包含多个可以提取的子流。就编码效率而言，2007 年标准化的 H.264/SVC 相较于之前提出的编码标准有了很大的提高，即在相同比特率的情况下，H.264/SVC 能够提供更好的视频图像质量[18]。

H.264/SVC 编码中采用了宏块的编码形式，将输入的原始视频帧划分为较小单元的宏块，通过计算同一帧或相邻帧之间的宏块相似度，实现宏块之间的预测。宏块根据其预测模式的不同，可以分为三类，即 I 宏块、P 宏块和 B 宏块，对应的视频帧称为 I 帧、P 帧和 B 帧。I 帧表示该宏块的预测只在本帧内进行，P 帧和 B 帧表示宏块预测在帧之间进行，其中 P 帧宏块的预测基于该帧之前或之后的帧内容，B 帧宏块的预测可以同时基于该帧之前和之后的帧内容。H.264/SVC 以 GOP（Group Of Pictures，图像组）为单位进行编码，一个图像组包含一些连续的视频帧，其中第一帧为 IDR（Instantaneous Decoding Refresh，即时解码刷新）访问单元，由一个 I 帧和一些编码参数构成。

H.264/SVC 编码的可伸缩性体现在时域、空域和质量域三个层面，通过设置相应基础层和增强层数据单元实现视频流的可伸缩。时域的可伸缩性指的是在图像组中有基础层和增强层，每个访问单元对应一个解码后的帧图像，而高层时域访问单元由低层时域内的访问单元预测编码得到。图 2-5 所示为图像组中的时域帧预测模式，其包含 8 个时域帧、4 个时域层，如时域层 T_2 中的帧 4 是由时域层 T_1 中的帧 2 和时域层 T_0 中的帧 1 联合预测编码得到的。通过丢弃较高时域层中的帧，视频流可以提供较低比特率的子流，其中由基础层帧构成的视频流比特率最低，能提供最低限度的视频帧图像质量。

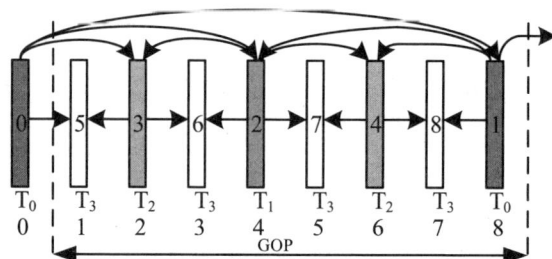

图 2-5　图像组中的时域帧预测模式

空域的可伸缩性体现在 H.264/SVC 编码后的流中每个时域帧包含不同解析度的帧，空域由一个基础层和多个增强层构成。对于每个空域层数据，也采用了帧间预测，并且 H.264/SVC 为了减少内存消耗和降低解码复杂度，约定所有空域层的解码次序相同[19]。

质量域的可伸缩性指的是对于同一个时域帧，可以提供不同 PSNR（Peak Signal to Noise Ratio，峰值信噪比）的图像质量。质量域与空域类似，也包含一个基础层和多个增强层。质量域的可伸缩性有两种实现方式：一种实现方式是采用 CGS（Coarse Grain Scalability，粗粒度可伸缩性）方式，其与空域的可伸缩性实现过程类似，区别在于不同质量层之间使用相同的解析度、不同大小的量化系数；另一种实现方式是采用 MGS（Medium Grain Scalability，中等粒度可伸缩性）方式，即将一个空域层中的 DCT（Discrete Cosine Transform，离散余弦变换）系数分别放置在不同的质量层数据单元中[12]。MGS 相对于 CGS 能够提供更好的可伸缩性，若提取子流时丢弃任意数量的 MGS 数据，则剩下的 MGS 数据仍然能够用于解码，因此应用较多。

H.264/SVC 编码后的视频数据单元通过(D_x,T_y,Q_z)标识来表明当前视频数据单元的位置。其中，D_x 为空域层标识，从 0 开始依次递增，0 表示基础层；T_y 为时域层标识；Q_z 为质量层标识。例如，(0,1,0)表示当前视频数据单元位于时域层 1、空域基础层和质量基础层。H.264/SVC 编码规定空域层最大数为 8，时域层最大数为 16，质量层最大数为 7。

2.2.2　H.264/SVC 传输特点

为使编码后的数据能够在互联网中传输，视频流数据以 NAL 单元的形式进行组织和封装。NAL 单元主要包括两类：VCL（Video Coding Layer，视频编码层）NAL 单元和 non-VCL NAL 单元。前者用于存放视频内容的编码数据，后者用于存放解码所需要的参数集合。对于编码后的流，可以通过编程读取相应的 NAL 单元中的参数标识信息，以判断流中时域帧、图像组等逻辑边界。在 NAL 单元中，SEI NAL 单元通常用于存放一些额外信息，这些信息用于帮助解码，可以根据用户的需要添加该单元。本章将利用 SEI NAL 单元存放签名数据。

针对视频流认证，目前已有一些相关的研究，代表性研究有基于哈希链、树状结构、蝴蝶型结构的流认证方法，此类研究因为设计的认证过程与视频编码无关，所以认证效果不够好。针对 H.264/AVC 的认证，代表性研究有基于 NAL 参数解码次序[11]、基于联合信源信道编码的非均等认证方案[14]；针对 H.264/SVC 的认证，代表性研究主要有基于 FEC 的认证方案[13]、基于混合的认证方案[15]、基于 ECC 的认证方案[17]。基于 FEC 的认证方案的优点在于提出了一种考虑网络带宽的认证负载降低方法，缺点在于时域、空域认证时采用了链式结构，抗丢包率不够好。基于混合的认证方案和基于 ECC 的认证方案都无法提供质量层的认证可伸缩性，且空域层认证方法也采用了链式结构，认证效果有待提高。

结合前面的分析，本章对 H.264/SVC 的认证进行了研究，提出了一种基于解码关系图拓扑排序的视频流认证方法，并且在考虑质量层认证的可伸缩性时，采用基于质量层的认证负载优化方案。与 Mokhtarian 等人[12]的研究不同的是，此认证方法考虑了认证分组大小的上下界，有利于提高网络丢包的抵抗能力，并且考虑到了质量层数据中不同部分的重要性，采用与解码重要性有关的认证长度大小米保护质量层分组数据，有利于提高接收端的帧恢复质量[20-21]。

2.3 解码关系图拓扑排序认证算法

编码后的视频数据包之间存在解码依赖关系，这种关系在 H.264/SVC 视频流中主要体现在图像组的时域帧之间、帧内空域层之间。分析视频码率中的解码逻辑关系有助于提高视频流的认证效率。首先建立基于解码关系的视频逻辑单元图 $G(V, E)$，其中视频逻辑单元可以是视频的时域帧认证单元（Authentication Unit，AU），也可以是视频的空域层单元，即分别在时域和空域建立相应的解码关系图。

视频逻辑单元图 $G(V, E)$ 中，V 表示视频逻辑单元集合，其元素称为顶点；E 表示顶点之间的解码依赖关系。视频逻辑单元集合 V 为 $\{v_1, v_2, \cdots, v_n\}$，将视频逻辑单元映射为顶点时的序号 $\{1, 2, \cdots, n\}$ 与该视频逻辑单元的解码次序一致，即接收端将依次解码视频逻辑单元 v_1、v_2、$\cdots$、v_n。采用有向边 $v_i \rightarrow v_j$ 表示顶点 v_j 解码依赖于顶点 v_i，即只有当顶点 v_i 被正确接收后，顶点 v_j 才能实现解码，用于恢复视频图像，故该解码关系图为一个有向图。令 L

为解码关系图的邻接表，邻接表中表头节点和表节点的结构如图 2-6 所示。表头节点中包含该顶点的出度 Outdegree 和链接边域*Edgefirst，表节点中包含所有指向该顶点发出边的顶点对应的顶点序号构成的链表，即该顶点解码所依赖的顶点构成的链表，其中 VertexId 表示顶点序号，*Next 表示链接的下一个顶点地址。

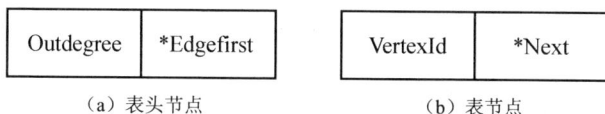

Outdegree	*Edgefirst

（a）表头节点

VertexId	*Next

（b）表节点

图 2-6　邻接表中表头节点和表节点的结构

邻接表 L 的结构与视频编码过程有关，不同的编码方法对应的邻接表取值不尽相同。而该邻接表由视频编码参数获得，如 H.264/SVC 中视频编码时域帧之间的预测模式可以是"IBBP""IPPP"等（分别表示时域编码采用 IDR、B 帧或 P 帧的次序）。由邻接表可知，若邻接表第 i 个表头节点的出度为 0，则表示没有其他任何顶点的解码依赖于顶点 v_i；若第 i 个表头节点的出度大于或等于 1，则表示至少有 1 个其他顶点的解码依赖于顶点 v_i；若第 i 个表头节点的出度取最大值，则表示顶点 v_i 的被解码依赖程度最高，重要性最高，通常该顶点是时域或空域的基础层数据单元。

根据邻接表 L 中的元素取值，对视频逻辑单元图中的顶点进行拓扑排序认证，以获取相应的哈希值附着方式。若 $L[i].\text{Outdegree}=0$，则将顶点 v_i 的哈希值 H_i 附着在 $L[i].\text{Edgefirst}$ 所指向的链表中 $\max\{\text{VertexId}\}$ 对应的顶点内容之后，并且将该链接中所有 $\{\text{VertexId}\}$ 对应的表头节点中的 Outdegree 值减 1。之所以将顶点 v_i 的哈希值附着在其链表中最大序号的顶点上，是因为根据视频逻辑单元序号与顶点序号的映射关系，对于网络带宽较低的接收端，若仅获取较低码率的视频流，则该接收端不需要被丢弃视频逻辑单元的哈希认证，有利于降低认证负载。

解码关系图拓扑排序认证算法 TS(V)如图 2-7 所示。算法输入为视频逻辑单元图的顶点和邻接表，且算法采用循环方式依次处理未被其他顶点解码依赖的顶点的哈希认证。与普通有向图的拓扑排序不同，此处拓扑排序的主要作用在于寻找有向图中顶点之间的解码依赖关系，并根据此关系进行认证，拓扑排序认证的结果唯一；而普通有向图的拓扑排序认证结果不唯一，其主要目的在于寻找顶点之间的偏序关系并构成线性序列。

为提高算法的处理效率，采用栈结构存放当前所有出度为 0 的顶点序列，以便认证时使用。算法分为栈 S 初始化与认证两个部分：栈 S 初始化部分通过遍历邻接表的表头节点，将所有出度为 0 的表头节点序号入栈；认证部分依次针对出栈的顶点选择相应的哈希值附着顶点序号。

TS(V)

Input：V, L

1.   Initialize Stack S : for $i = 1 : n$

2.   if($L[i]$.Outdegree $= 0$)

3.   Push(S, i)

4.   Authenticate : while(($i = $ Pop(S))! $=$ NULL)

5. $P = \{$VertexId $\mid L[i]$. Edgefirst $!=$ NULL$\}$

6.   if($P! = $ NULL) $j = \max\{P\}$

7.   Sort $=$ Sort $\parallel \{i \prec j\}$

8.   for $\forall p, p \in P$ $\{ L[p]$.Outdegree $- = 1$

9.   if($L[p]$.Outdegree $= 0$)

10.   Push(S, p)$\}$

11.   else   Sort $=$ Sort $\parallel \{i\}$

output： Sort

图 2-7   解码关系图拓扑排序认证算法 TS(V)

算法第 7 行中的 $\{i \prec j\}$ 表示顶点 v_i 的哈希值应附着在顶点 v_j 的内容之后，并将该排序关系依次存放在链表 Sort 中；算法第 8～10 行用于更新认证后表头节点的出度；算法第 11 行表示所处理的是最后一个顶点，将对其直接进行哈希值计算；算法输出 Sort 为该视频逻辑单元哈希认证次序。

由以上算法可以看出，对视频逻辑单元图 $G(V, E)$ 进行认证的空间复杂度为 $O(2n+e)$，时间复杂度为 $O(n+e)$，其中 e 为边的条数。通常视频的编解码参数对整个视频中的每个图像组、空域层数据单元来说都是相同的，因此该算法仅需在对第一个图像组或空域层进行认证时遍历整个邻接表，并记录下拓扑排序，后续在对其他图像组或空域层进行认证时，直接按照拓扑排序进行认证即可，无须再次遍历邻接表。这样有利于提高算法的认证效率，从而降低接收端的延迟时间。

2.4　基于解码关系图拓扑排序的视频流认证框架

2.4.1　H.264/SVC 视频流认证框架

对 H.264/SVC 视频流进行认证时，首先通过分析编码格式建立相应的视频逻辑单元图，即寻找相应图像组、时域层、空域层与质量层的数据单元，采用自底向上方式，依次认证对应的视频数据包。图 2-8、图 2-9 所示分别为视频帧认证过程与图像组认证过程。

图 2-8 展示了视频帧中不同空域层之间的认证过程。对于不同的空域层，按照解码关系图拓扑排序认证算法建立相应顶点的哈希值附着方式；而对于质量层，考虑到视频码率对不同带宽子信道的适应性，采用分组认证方式，即首先分析所有质量层单元在给定带宽分布情况下的最优分组策略，对分组后的 MGS 数据顶点集合进行认证，而非单独对每个 MGS 数据顶点进行认证，以提高认证效率，节省相应的认证负载。质量层分组优化策略将在第 2.5 节进行详细描述。所有子信道都必须传输空域的基础层数据，且该层中包含其他增强层的认证信息，不同子信道提取的视频子流中都将包含这些认证信息。

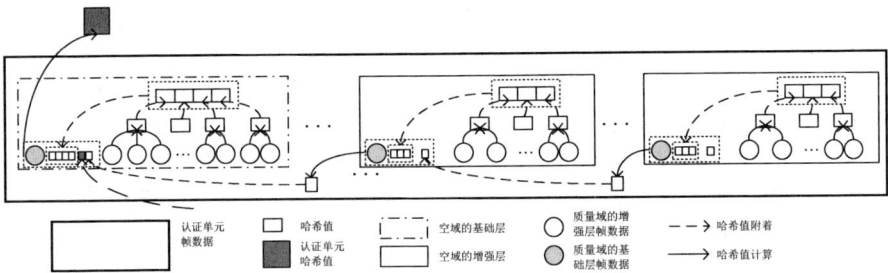

图 2-8 视频帧认证过程

图 2-9 展示了图像组中视频帧之间的认证过程，首先按照解码关系图拓扑排序认证算法建立帧之间的哈希值附着方法；然后对解码关系图拓扑排序认证算法中依次出栈的顶点序列进行视频单元帧认证，如获得第 n 帧的哈希值 H_n 后，将该哈希值附着在第 j 帧质量域的基础层 MGS_0 数据之后。按照此方式进行哈希认证，最终将获得该图像组的哈希值（GOP Hash），之后对其进行签名认证。在图 2-8 和图 2-9 中，实线箭头表示对视频逻辑单元数据进行哈希值计算以获得相应的哈希值，而虚线箭头则表示哈希值附着。

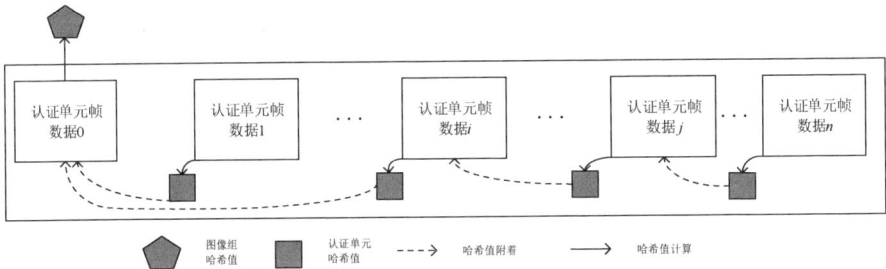

图 2-9 图像组认证过程

图像组的哈希值签名是将多个图像组的哈希值连接起来同时进行签名。签名算法（如 RSA Signature 方法）较哈希算法（如 SHA-1）需要更长的计算时间、更多比特数表示结果，若对每个图像组单独进行签名，则将花费较长的计算时间，造成较大的认证负载，而对多个图像组共同进行签名（见图 2-10），可以节省一定的通信带宽和签名算法计算时间，但接收端此时需要同时获得 n 个图像组数据单元才能进行认证，这在一定程度上增加了接收端的延迟时间。实验中可通过仿真选择合适的图像组数据单元数量，用于多个图像组的签名认证。

图像组的签名数据单元采用 NAL 数据包格式进行封装，以独立于视频编码数据的数据包形式进行单独传输，因此该数据包对于接收端的认证尤为重要，通常情况下发送端将该签名数据包重复发送多次，以抵抗信道中该签名数据包丢失的风险，从而能够让接收端以较高概率获得整个视频流信息认证的起点。

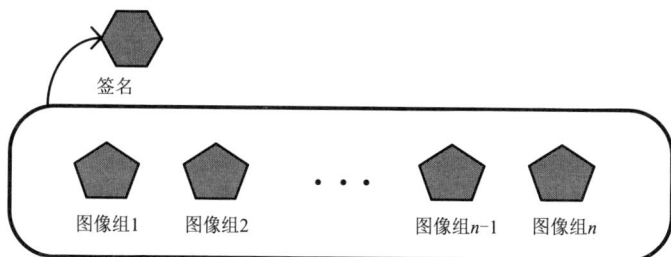

图 2-10　对多个图像组共同进行签名

基于解码关系图拓扑排序的视频流认证框架如图 2-11～图 2-13 所示。图 2-11 所示为 AuthenticateStreams 认证框架，其对视频流进行认证，参数 k 表示图像组中的时域帧数目，n 表示同时签名的图像组数目，Key 表示认证方签名的私钥，$c[]$ 表示认证方需要额外添加的认证信息，如视频可信内容标引中的高层语义信息。认证时，首先对 SVCStreams 流进行解析，获得视频帧的起始标识（见 AuthenticateStreams 认证框架第 1 行）；然后对视频帧进行图像组划分（见 AuthenticateStreams 认证框架第 2～3 行），按照给定参数 n 对图像组进行分组，并分别认证签名；最后将签名数据包封装成 NAL 数据包格式，并且重复 K 次嵌入流当前图像组分组的开始位置（见 AuthenticateStreams 认证框架第 4～11 行）。

图 2-12 所示为 AuthenticateGOP 认证框架，其对图像组进行认证时，首先通过拓扑排序获得视频帧之间的认证关系（见 AuthenticateGOP 认证框架第 3 行）；然后循环地从拓扑排序集合中读取认证关系，依次对时域视频帧进行认证（见 AuthenticateGOP 认证框架第 4～10 行）。图 2-13 中也采用

类似方法实现视频质量层数据之间的认证。

AuthenticateStreams(SVCStreams, n, k, Key, K, $c[]$)

1.　　token[]=ParseSVCStreams(SVCStreams); //token 表示视频流中帧的起始标识

2.　　GOPSections[]=SeparateToSections(SVCStreams, token[], k);

3.　　GroupsofGOP[]=SeparateToGroups(GOPSections[], n);

4.　　T = NULL;　//T 表示需要签名的哈希值

5.　　for　group ∈ GroupsofGOP[]

6.　　　　for gop ∈ group

7.　　　　　　H = AuthenticateGOP(gop);

8.　　　　　　$T = T \parallel H$;

9.　　　　　　Sig = SignWithKey(T, Key, $c[]$);

10.　　　　　Embed $T \parallel$ Sig into stream before group in K copies;

11.　　　　　T = NULL;

图 2-11　AuthenticateStreams 认证框架

AuthenticateGOP(group)

1.　　AUs[]=ParseGroup(group); //获取该 GOP 内认证单元的集合

2.　　VertexAUGraph = ParsetoGOPGraph(group); //获取该 GOP 内认证单元的解码依赖图

3.　　DecodingSort[] = TS(VertexAUGraph);

4.　　for order ∈ DecodingSort

5.　　　if(order is form of $\{i \prec j\}$)

6.　　　　　H_i=AuthenticateAU(AUs[i]);

7.　　　　　AUs[j] = AUs[j] $\parallel H_i$;

8.　　　else if(order is form of $\{i\}$)

9.　　　　　H = AuthenticateAU(AUs[i]);

10.　Return H;

图 2-12　AuthenticateGOP 认证框架

图 2-13 所示为 AuthenticateAU 认证框架，其对视频流的时域帧进行认证，第 3 行代码表示分析当前时域帧不同质量层内的分组认证，以获得对 MGS 数据的分组信息。该部分的目的在于避免对众多 MGS NAL 单元进行单独认证，而采用分组认证模式，以降低认证负载。COptimization 算法将返回每个空域层中的 MGS 分组信息，故采用二维数据形式 GroupsInfo[][] 进行存放，其中 GroupsInfo[i][j] 表示第 i 组的第 j 个 MGS 数据。AuthenticateSL 算法的作用是对质量层数据进行认证，将该组内所有质量层的哈希值依次附着，并形成该组的哈希值。

```
AuthenticateAU(AU)
1.   SLs[]=ParseAU(AU); //获取该认证单元内的空域层单元集合
2.   VertexSLGraph=ParsetoAUGraph(AU); //获取该图像组内空
域层的解码依赖图
3.   GroupsInfo[][]=COptimization(AU);//获取质量层的最优认证
分组
4.   DecodingSort[]=TS(VertexSLGraph);
5.   for order ∈ DecodingSort
6.       if(order is form of {i ≺ j})
7.           H_i = AuthenticateSL(SLs[i], GroupsInfo[i]);
8.           SLs[j] = SLs[j] || H_i;
9.       else if(order is form of {i})
10.          H = AuthenticateAU(SLs[i], GroupsInfo[i]);
11.  Return H;
AuthenticateSL(SL, GroupsInfo[])
1.   H = NULL;
2.   for each ∈GroupsInfo[]
3.       H = H || Hash(MGS(each));
4.   return H;
```

图 2-13 AuthenticateAU 认证框架

2.4.2　H.264/SVC 视频流认证安全性分析

视频流数据包在互联网中传输时可能会遭到攻击者的恶意修改，破坏视频流在接收端恢复后视频帧内容的完整性，如对视频帧进行篡改、内容添加、内容删除、时域重组等。对 H.264/SVC 视频流进行认证时，需要确保提取的任何子流仍具有内容完整性，即通过子流中的认证信息，能够判断所获得的子流视频信息是可信的。

由于 H.264/SVC 视频流在时域、空域和质量域具有可伸缩性，因此不同带宽的子信道可接收不同码率的视频流。但在认证方案中，由于采用自底向上方式，因此高层视频流数据的认证信息存放于底层数据包中，而所有子流中都应当包含时域、空域或质量域的基础层数据包，否则接收端将无法实现解码。视频子流逻辑单元包括多个图像组、帧、空域和质量域，对于每个逻辑单元层，都需要能够实现相应的安全性认证。

采用基于解码关系图拓扑排序认证算法进行认证的 H.264/SVC 视频流能够提供任何子流的安全性认证。从多个图像组的角度看，由于对 n 个图像组的哈希值进行连接，合并进行签名认证，生成签名数据包 P_{sig}，该数据包对于任何子信道来说都是必须传输的。接收端获得签名数据包 P_{sig} 后，根据签名算法，采用认证方的公钥对签名数据包进行解码，若解码出来的信息与签名数据包中的哈希值 H 相同，则表明哈希值 H 是安全的，该值可以对后续收到的 n 个图像组进行认证；若某个图像组中的视频数据被篡改或图像组顺序被交换，则该 n 个图像组的哈希值连接将发生改变。因此，正确接收签名数据包是接收端对图像组进行认证的充要条件。在该认证过程中，假设了签名算法本身是安全的，且哈希算法对视频流数据产生的哈希值不会产生碰撞。

图像组的哈希值安全是该图像组中帧内容哈希值安全的充要条件。由图 2-9 不难看出，该图像组的哈希值是由时域帧在拓扑排序下进行哈希认证而生成的，图像组的哈希值中包含解码依赖于该顶点的哈希值，将其附着在空域基础层数据单元中。而所有子信道必须传输空域基础层数据，空域基础层数据是该帧空域增强层数据解码的依据，若证明图像组的哈希值是安全的，则说明空域基础层中存放的解码依赖于该顶点的哈希值 AU Hash 也是安全的；反之，若解码依赖于该顶点的帧的内容被修改，则其哈希值也将改变，故与空域基础层中存放的哈希值不相等，无法实现安全认证。

对于空域或质量域，其安全认证过程与图像组中帧的安全认证过程类似。对于质量域，虽然对其采用了分组认证方法，但该分组认证的哈希值将连接起来附着在质量域基础层中，因此所有子信道将获得这些哈希值，即使某些信道由于网络带宽限制丢弃了一些较高层的质量层数据。若某些较高层的空域或质量域数据被恶意修改，则经过重新计算的哈希值将与附着在质量域基础层的哈希值有所不同，故接收端通过认证将发现这些安全问题。

本章提出的哈希值附着方法直接将哈希值附着在拓扑排序得到的相应顶点上，而不是采用数据包多次发送或信道编码方式单独传输这些认证数据包，优点在于能够避免认证数据包丢失导致的认证失败问题，缺点在于认证时虽无须进行较为复杂的信道编码计算，但需要对流的基础层数据单元内容进行哈希值附着计算。

2.5 基于质量层的认证负载优化策略

2.5.1 认证负载优化模型的建立

H.264/SVC 编码后视频质量域的可伸缩性由 MGS 来体现，通常为了提供较好粒度的量化系数，将视频帧图像中宏块的变换系数以 Zig-Zag 形式进行扫描，从直流分量开始，直到最高阶高频分量。将不同数量的变换系数存放在不同的 MGS NAL 单元中，从而构成不同质量层的 NAL 数据。在 JSVM（Joint Scalable Video Model）平台中，通过设置配置文件中 **MGSVectorX** 矢量的值，来指定不同质量层获得的变换系数，**MGSVectorX** 的形式如下：

$$\mathbf{MGSVectorX} = [\ MGSVector0\ MGSVector1\ \cdots\ MGSVectorn]^{\mathrm{T}} \quad (2\text{-}1)$$

式中，MGSVector0 的值为第 1 层质量层中变换系数的个数；MGSVector1 为第 2 层质量层中变换系数的个数，依此类推。对于 4×4 的图像块，**MGSVectorX** 中所有元素之和等于 16。

H.264/SVC 视频流在不同网络带宽环境下提取不同失真大小的子流，以合适的码率适应网络带宽约束下信道的传输。H.264/SVC 的可伸缩性可以在给定网络带宽 B 的条件下，通过丢弃一些质量层的 MGS NAL 单元数据来实现。

JSVM 采用如下规则来处理：若某层的码率刚好等于 B，则提取该层子流作为输出；若某层的码率比 B 小，但接近于 B，且该层为最高层，则提取该层子流作为输出；若比该层更高的一层为 MGS 层且该层的码率大于 B，则通过截断更高一层中的部分 NAL 单元数据，使剩余的码率接近于 B，作为提取的子流输出。因此，可以看出，通过设置合适的 MGS 质量层大小，可以提高 H.264/SVC 的可伸缩性。

在 JSVM 平台 H.264/SVC 编码后的流中，对于每一个认证单元的质量层 MGS 数据包，通常生成的 NAL 单元较大，在进行 RTP 打包时无法将其封装在一个 RTP 数据包中，需要对每个空域层的 MGS 质量层的 NAL 单元进行分段处理。若将编码后的流中单个 NAL 单元分段成较小块的数据进行传输，则视频流应对不同网络带宽情况的灵活性增强，这是因为其可以提供更多不同比特率的子流。但随着分段后数据块的增加，若对每个数据块进行哈希认证，必将增加认证负载，从而浪费一定的网络带宽资源。因此，选择合适的分段数据块大小，可以在视频流的灵活性与认证负载之间实现有效的权衡。

在围绕认证负载方面的研究中，具有代表性的有信息率认证优化方法[22]（该方法针对 H.264/AVC 视频格式，采用视频发送端重传机制来实现认证负载优化，但无法实现可伸缩视频认证且重传机制不利于视频实时传输应用）、网络资源调度与视频认证结合的认证方法[23]（该方法针对 AVC 视频格式，综合考虑了网络带宽资源约束、视频延迟限制等条件，寻找具有不同安全级别的最优视频认证图）、针对 H.264/SVC 视频格式的认证负载优化方法[24]（该方法的优点在于考虑了网络带宽分布对认证分组的影响，缺点在于没有考虑单个分组大小的上下界，控制不好网络丢包情况的影响，且没有分析不同层次质量层数据对图像恢复质量的影响，分组认证的有效性有待提高）。

通过对 H.264/SVC 质量层数据结构的分析可以得知，不同的质量层数据在接收端解码时，对图像恢复质量具有不同的影响，如较低层的 MGS 数据相对于较高层的 MGS 数据，对图像质量精细化程度的影响较强，因为其存放的变换系数是帧数据中能量较大的信息。因此，可以在网络丢包情况的影响下，采用更多的分组或比特信息来保证较低层 MGS 数据的安全。在构建目标优化函数时，对于具有不同影响的 MGS 数据，将其认证长度作为一个目标优化项，以提高分组认证的有效性。优化认证方法的同时应考虑网络带宽分布情况对分组认证的影响，以提高视频应对不同带宽子信道认证传输的有效性。

对每一个认证单元帧单独进行认证负载的优化，令认证单元帧中 MGS 数据共有 N 字节，即 $\{d_1, d_2, \cdots, d_i, \cdots, d_N\}$，采用最小化认证负载方法将该质量层比特数据划分为 I 个大小不等的分组，即 $\{x_1, \cdots, x_i, \cdots, x_I\}$，分别进行哈希认证。因此，该帧引入的认证负载大小为 $I \times S$ 比特，其中 S 为单个分组认证所需要的哈希值大小。考虑到 H.264/SVC 在处理不同带宽信道情况下传输的灵活性，通常将丢弃一些高层 MGS 数据包以适应所需要传输信道的带宽，因此所设计的认证优化方法应该使得在对 MGS 数据进行认证时，不会降低 H.264/SVC 可伸缩编码的灵活性，即对某些信道的认证后的编码子流，接收端所获取的 MGS 数据应该能够全部进行有效认证，不会因为在分组认证后丢弃了某些数据包而造成无法对所获取的数据实现认证。

令传输认证单元帧所需要的时间为 $t(f)$，$t(f)$ 的取值与视频编码的帧速

率有关。传输 MGS 数据中的 1 字节所需要的网络带宽消耗为 b，相应的关系为

$$b = \text{size}(1)/t(f) \tag{2-2}$$

式中，$\text{size}(1)$ 表示 1 字节 MGS 数据的大小。当认证单元帧传输了 i 字节 MGS 数据时，所需要的网络带宽消耗为 b_i，相应的关系为

$$b_i = i \times b \tag{2-3}$$

对于每个 MGS 数据，采用 S 字节进行哈希认证，则认证所需要的网络带宽消耗为 s，则

$$s = \text{size}(S)/t(f) \tag{2-4}$$

式中，$\text{size}(S)$ 表示 S 字节 MGS 数据的大小。当对质量层分组数据 $\boldsymbol{x}_i$ 进行认证时，所引入的代价主要有两个方面：认证信息所需要的网络带宽消耗和分组认证对流可伸缩性的降低。后者主要体现在当对流按照网络带宽限制进行子流提取时，丢弃的一些质量层数据包可能导致接收端获取的 MGS 数据无法实现认证，因为该部分被丢弃的数据包和接收的无法认证的数据包进行了分组统一认证。考虑信道带宽分布，如某接收端的信道带宽范围为 $[b_i, b_j]$，若分组认证后认证单元帧所需带宽为 b_{i-1}，则该接收端的带宽浪费为 $b_i, b_{i+1}, \cdots, b_j$。因此，最优认证负载方法将综合考虑各个接收端的带宽情况，寻求最佳的分组认证策略。该分组认证策略的代价函数为

$$\text{cost}' = s \times I + \sum_{i=1}^{I} \sum_{l=1}^{|\boldsymbol{x}_i|} l \times b \times \int_{B_{i-1}+bl}^{B_{i-1}+b(l+1)} p(x)\mathrm{d}x + \sum_{i=1}^{I}(1 - B_{i-1}/N) \times b \times |\boldsymbol{x}_i|$$

$$\tag{2-5}$$

式中，$p(x)$ 为网络带宽分布概率密度函数；$|\boldsymbol{x}_i|$ 为第 i 个分组的字节数；N 为认证单元数据字节长度；l 为分组内数据序号；B_{i-1} 为前 $i-1$ 个质量层分组所需要的网络带宽，即

$$B_{i-1} = b \times \sum_{t=1}^{i-1} |\boldsymbol{x}_t| \tag{2-6}$$

代价函数中等号右侧的第三项表示对不同重要性 MGS 数据分组长度的限制，即若该分组位于较低层的 MGS 数据部分，则相应的分组长度较小；反之，若该分组位于较高层的 MGS 数据部分，则相应的分组长度较大。考虑到约束项的计算方便及实际认证效果，采用线性衰减函数对其进行控制。

通过寻找合适的分组数目 I 及每组大小集合 $\{|\boldsymbol{x}_1|, \cdots, |\boldsymbol{x}_i|, \cdots, |\boldsymbol{x}_I|\}$ 来获取代价函数的极小值，则基于质量层的认证负载优化问题为

$$\min \text{cost}' \\ \text{s.t.} \begin{cases} \sum_{i=1}^{I} |\boldsymbol{x}_i| = N \\ 1 \leqslant |\boldsymbol{x}_i| \leqslant N \end{cases} \tag{2-7}$$

2.5.2　认证负载优化模型的求解

式（2-7）的直观解释是当对质量层 MGS 数据采用分组认证后，所获得的可提取子流的速率应尽量位于较高概率的网络带宽分布区间内，以减少分组过程中造成的网络带宽消耗，提高可伸缩流的灵活性。

该问题的两个待优化参数为分组数目、分组大小集合。其中，分组数目 I 与信道剩余带宽有关。若信道允许的最大带宽小于认证单元帧全部质量层 MGS 数据传输需要的网络带宽（b_{AU}），则此时无法直接对流进行认证，需要先丢弃一些较高层的 MGS 数据后再进行认证。令流认证单元中被丢弃的较高层 MGS 数据大小为 D，则该部分所带来的代价为

$$c' = \sum_{l=1}^{D} l \times b \times \int_{B_I + bl}^{B_I + b(l+1)} p(x) \mathrm{d}x \tag{2-8}$$

被丢弃的较高层 MGS 数据不需要添加认证信息，因此代价函数为

$$\text{cost} = s \times I + \sum_{i=1}^{I} \sum_{l=1}^{|\boldsymbol{x}_i|} l \times b \times \int_{B_{i-1}+bl}^{B_{i-1}+b(l+1)} p(x)\mathrm{d}x + \sum_{i=1}^{I}(1 - B_{i-1}/N) \times b \times |\boldsymbol{x}_i| +$$

$$\sum_{l=1}^{D} l \times b \times \int_{B_I+bl}^{B_I+b(l+1)} p(x)\mathrm{d}x \tag{2-9}$$

对于每个质量层分组单元大小，考虑到对质量域 NAL 数据进行 RTP 打包的方便，通常避免对 NAL 数据进行分割，即分组单元大小应该为可用 NAL 数据包大小 U 的整数倍，将分组认证的单元数据用 NAL 数据包进行封装，令分组单元大小与 U 之比为 r，即

$$r = |\boldsymbol{x}_i|/U \tag{2-10}$$

则 r 的取值范围为 $\{1, 2, \cdots, p\}$，p 为正整数且取值不应过大。若 p 取值过大，则在存在网络丢包的情况下，分组单元中某个 NAL 数据包丢失会造成较低的有效认证比例，因为该分组中其他 NAL 数据包将无法实现认证。因此选择合适大小的 p 可以提高认证的有效性。

根据选定的参数 p 可以确定分组数目的下界 I_τ，即

$$I_\tau = \lfloor (N-D)/(U \times p) \rfloor \tag{2-11}$$

分组数目的上界 I_υ 为

$$I_\upsilon = \lfloor (N-D)/U \rfloor \tag{2-12}$$

式中，运算符 $\lfloor \cdot \rfloor$ 表示向下取整，此时认证负载优化问题为

$$\begin{aligned} &\min \quad \text{cost} \\ &\text{s.t.} \begin{cases} \sum_{i=1}^{I} |\boldsymbol{x}_i| + D = N \\ |\boldsymbol{x}_i|/U = r, \ r \in \{1, 2, \cdots, p\}, \ p \in \mathbf{Z}^+ \\ I_\tau \leqslant I \leqslant I_\upsilon \\ 0 \leqslant D \leqslant N \end{cases} \end{aligned} \tag{2-13}$$

该认证负载优化问题根据不同子信道上带宽分布情况，来获取具有最小认证负载的认证方法，若实际网络环境中带宽的最大值为 B，小于认证单元帧所有质量层 MGS 数据传输需要的网络带宽 b_{AU}，则将超出最大信道容量的流直接丢弃，因此可以确定 D 的取值为

$$D = \begin{cases} (b_{AU} - B - s \times I)/b & \text{if } b_{AU} > B + s \times I \\ 0 & \text{else} \end{cases} \quad (2\text{-}14)$$

式中，$s \times I$ 是认证负载信息所带来的网络带宽消耗，此时被丢弃的流所带来的代价为零。对于式（2-13）的约束条件 1，考虑到分组计算过程的方便，对将要采取分组的数据进行末尾补零操作，使得 $N\text{--}D$ 为 U 的整数倍，而分组后最后一个分组数据中的补充数据并不参与认证和传输。

对于式（2-13）中的优化参数的求解，一种有效的方法是先确定分组数目，再确定每个分组所应包含的最优数量的 MGS 数据。当分组数目 I 确定时，如何确定每组内数据的大小实质上是一个组合问题。若采用穷举法求解，则将消耗大量的计算时间，使得接收端的延迟时间过长。因为对于给定大小的 MGS 数据，进行给定大小分组数目的分组，类似于将一个整数 n 划分为 k 个部分且各部分之和等于该整数，所有可能的组合数为 $\binom{n-1}{k-1}$，而每个序列计算式（2-13）时，相互之间独立，因此需要大量的计算时间。

采用式（2-13）计算 MGS 数据 I 个分组的代价时，其中前 I 个分组的代价 $\text{cost}(I)$ 与前 $I\text{--}1$ 个分组的代价 $\text{cost}(I\text{--}1)$ 有以下关系：

$$\text{cost}(I, N') = \text{cost}(I-1, N'-|\boldsymbol{x}_i|) + \min\{s + \sum_{l=1}^{|\boldsymbol{x}_i|} l \times b \times \int_{B_{I-1}+bl}^{B_{I-1}+b(l+1)} p(x)\mathrm{d}x + \quad (2\text{-}15)$$
$$(1 - B_{I-1}/N') \times b \times |\boldsymbol{x}_i|\}$$

式中，$N' = N - D$，即前 I 个分组的代价等于前 $I\text{--}1$ 个分组的代价加上第 $I\text{--}1$ 个分组的代价。

采用动态优化方式实现 I 个分组大小的求解，定义代价矩阵 C，其元素 $cost(I, X)$ 表示在对质量层数据长度为 X 的 MGS 数据进行 I 个分组认证时的代价；为方便求解每个分组内所包含的 MGS 数据大小，定义分组代价矩阵 f，其元素 $f(I, P \times U)$ 表示第 I 个分组采用 P 个 U 大小的数据单元联合认证时的代价。

求解过程中，首先分组数从 I 开始，此时待认证数据的长度为 N'，需要求解 $cost(I, N')$。求解 $cost(I, N')$ 需要计算代价矩阵中的元素 $cost(I-1, N'-1 \times U)$、$cost(I-1, N'-2 \times U)$、$\cdots$、$cost(I-1, N'-p \times U)$，并且此时将依次计算分组代价矩阵中 $f(I, 1 \times U)$、$f(I, 2 \times U)$、$\cdots$、$f(I, p \times U)$。计算 $cost(I-1, N'-1 \times U)$ 则需要计算代价矩阵中的元素 $cost(I-2, N'-2 \times U)$、$cost(I-2, N'-3 \times U)$、$\cdots$、$cost(I-2, N'-(p+1) \times U)$，计算 $cost(I-1, N'-2 \times U)$ 则需要分别计算代价矩阵中的元素 $cost(I-2, N'-3 \times U)$、$cost(I-2, N'-4 \times U)$、$\cdots$、$cost(I-2, N'-(p+2) \times U)$，依此类推。若在递归过程中，当循环次数为 I 时，代价矩阵元素 $cost(i, X)$ 中 i 的取值刚好为 1，则表明该次递归有效；否则表明该次递归无效，因为所产生的分组序列无法满足分组大小要求。

若代价矩阵中某些元素值已经被填写，则后续不必再对此元素值进行计算，如计算 $cost(I-1, N'-1 \times U)$ 和 $cost(I-1, N'-2 \times U)$ 都要用到 $cost(I-2, N'-3 \times U)$、$\cdots$、$cost(I-2, N'-p \times U)$ 等。对于取不同分组大小的迭代（$I_\tau \leq I \leq I_\nu$），较大分组迭代过程中将用到较小分组迭代过程中已经计算过的代价矩阵中的某些元素值，因此可以大大降低计算时间复杂度。

当对给定大小为 N' 的 MGS 数据按照 i 个分组进行分组时，最优分组代价函数 $cost(i, x)$ 的伪代码如图 2-14 所示。其中，定义数组 $X(i)$ 用于存放第 i 个分组中 MGS 数据的大小，且输入函数的实际参数 x 为 N'/U。当分组数 i 或分组数据 x 小于 0 时，或当分组数 i 大于分组数据 x 时，当前迭代过程无效，无法实现有效分组，函数通过返回一个最大数 MaxValue 来使得该次迭代过程无效。

1. cost(i, x)

2. if($i < 0 \| x < 0 \| i > x$)　$i = -1, x = -1$; return　MaxValue;

3. if($i == 1 \&\& x > 0$)　return 0;

4. if($i > 1 \&\& x > 0$)　{ for $r = 1, \cdots, p$　$S(r) = c(i-1, x-r) + f(i, rU)$;

5. 　　　　　　　　　$X(i) = U \times \arg\min_{r}(S(1), \cdots, S(r))$; }

6. $X(1) = N' - \sum_{t=2}^{i} X(t)$

图 2-14　最优分组代价函数 cost(i, x)的伪代码

通过对认证负载优化算法的分析可以看出，该算法能够找出使得认证负载最小的分组策略，这是因为在对分组数目范围进行界定时，位于 $[I_\tau, I_\upsilon]$ 中的所有可能的分组数目中至少有一个分组数目使分组方案合法。而对于每个分组方案，通过算法递归优化，依次将求解分组大小 $\{X(i), \cdots, X(1)\}$，最后比较所有分组数目情况下各自的最小代价，将所有最小代价中最小值对应的分组策略作为最终的分组策略；若所有最小代价中的最小值不止一个，则选择较大分组数目对应的分组策略。

在该认证模型的优化求解过程中，算法的存储空间主要包含代价矩阵 C 和分组代价矩阵 f，其中前者需要 $O(I_\upsilon \times \lfloor N'/U \rfloor)$ 的存储空间，后者最大需要 $O(I_\upsilon \times p)$ 的存储空间，故算法的空间复杂度为 $O[(I_\upsilon \times \lfloor N'/U \rfloor) + I_\upsilon \times p]$。算法所需要的时间包括对所允许的分组数目求解对应的最小代价和分组代价所需的时间，共循环 $(I_\upsilon - I_\tau + 1)$ 次，而计算 cost(i, x)最多需要计算代价矩阵中全部有效元素的值。令算法对每个认证单元优化过程中所需要进行代价比较的次数为 T，则

$$T = \sum_{I=I_\tau}^{I_v} \left[\lfloor N'/U \rfloor \times I - \frac{(I+1)(I-2)}{2} + I \times p \right]$$

$$= \sum_{I=I_\tau}^{I_v} \left[(\lfloor N'/U \rfloor + p + \frac{1}{2}) \times I - \frac{1}{2}I^2 + 1 \right]$$

$$= (\lfloor N'/U \rfloor + p + \frac{1}{2}) \times \frac{(I_v + I_\tau)(I_v - I_\tau + 1)}{2} -$$

$$\frac{I_v(I_v+1)(2I_v+1) - (I_\tau - 1)I_\tau(2I_\tau - 1)}{12} + (I_v - I_\tau + 1)$$

$$(2\text{-}16)$$

根据最大分组数 $\lfloor N'/U \rfloor$ 与 I_v 之间的关系可知，算法的时间复杂度为 $O(I_v^3)$，其中 I_v^3 前面的系数为 $1/3 - 1/(2p^2) + 1/(6p^3)$。

2.6 实验仿真与结果分析

本节将采用基于解码关系图拓扑排序的认证方法对 H.264/SVC 视频流进行认证，并且在对视频流的质量域进行认证时，采用认证负载优化算法实现质量层数据的最优分组。本节首先介绍实验平台、视频数据，接着从计算时间代价、延迟时间、认证负载带宽消耗和视频恢复质量四个方面，对比本章提出的方法与现有的 SVC 认证方法在认证效果上的性能优劣，其中选取的对比方法为 Mokhtarian 等人提出的基于 FEC 的认证方法（实验仿真中称为 FEC 认证方法）与 Zhao 等人提出的基于 ECC 的认证方法（实验仿真中称为 ECC 认证方法）。

2.6.1 实验平台建立

实验平台的建立基于开源代码 JSVM，JSVM 是 JVT 小组开发 H.264/SVC 项目的软件，具有对原始视频文件进行 H.264/SVC 编解码、对视频流进行子流提取、视频帧质量 PSNR 检测等功能。从 JVT 测试视频集中选取三个不同内容且编码后码率变化较大的视频作为本实验的测试视频，视频名分别为

"bus"、"city"和"mobile"。采用 JSVM 对这些视频进行 H.264/SVC 编码；选取图像组中帧数目为 8；空域层数目为 2，分别为 CIF（352 像素×288 像素）与 QCIF（176 像素×144 像素）的解析度；质量层数目为 4，即每个空域层中质量层基础层标识为 0，增强层标识为 1、2、3。

实验中对视频逻辑单元进行认证时，采用 SHA-1 算法进行哈希值计算；对视频流图像组单元进行签名时，采用 RSA 签名算法生成签名数据。认证算法采用 Java 程序设计语言进行编码，发送端首先对 JSVM 编码后的视频流进行解析。在开源代码 Java NAL Parser 和 svcAuth Library[12]的基础上，实现 H.264/SVC 视频流 NAL 单元、图像组、访问单元、空域与质量层单元的界定与识别。对于每个访问单元，采用优化分组策略确定相应的分组大小，并进行哈希值计算；对于多个图像组，采用签名算法生成的签名 NAL 单元数据包，相应的 NAL 单元类型为 6，并且重复 K 次将该 NAL 单元嵌入最终认证后的流。考虑到以太网网络中 MTU 大小为 1500 字节，RTP 数据包头部大小约为 40 字节，并且考虑到哈希值附着时需要占用一定字节数，因此实验中将 NAL 单元的大小设置为 1200 字节。

在模拟仿真互联网中网络数据包丢包情况方面，采用与 FEC 认证方法中视频流认证时相同的假设，假定视频流中每个 NAL 单元丢包情况满足独立同分布，即假定网络信道为随机差错信道，每个数据包的丢包概率为 pro。根据数据包丢包模拟结果，对传输的视频流中一定数量的 NAL 数据包进行丢弃。在对每个访问单元中的质量层进行分组优化认证时，需要预先设定网络带宽情况。结合所测试视频的码流，采用多模态高斯分布模拟网络带宽分布，如图 2-15 所示。

H.264/SVC 视频流认证过程如图 2-16 所示，对添加了认证信息的视频流，由 Proxy 代理进行子流提取，该部分子流提取任务由 JSVM 平台实现。对于不同信道的子流，分别模拟数据包丢包操作以丢弃少量的 NAL 单元。接收端在对获取的视频流进行解码之前，将对其进行验证：首先验证签名

NAL 单元数据包的合法性,其中所需要的私钥与发送端认证时的公钥在仿真中假定是安全的;若该签名 NAL 单元数据包合法,则根据其中访问单元的哈希值对后续认证单元的完整性进行判断,依此类推。合法的 NAL 单元将被传递给后续解码单元,以实现视频的播放。

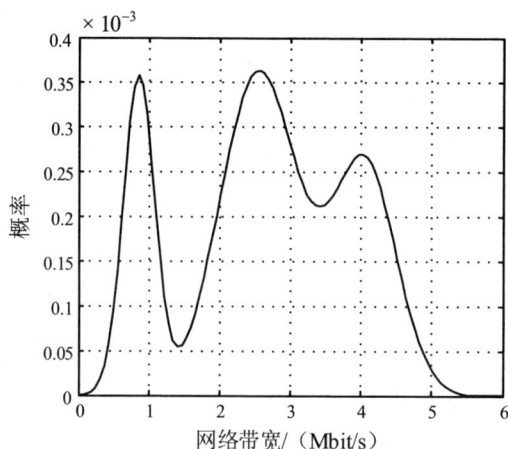

图 2-15　接收端网络带宽分布

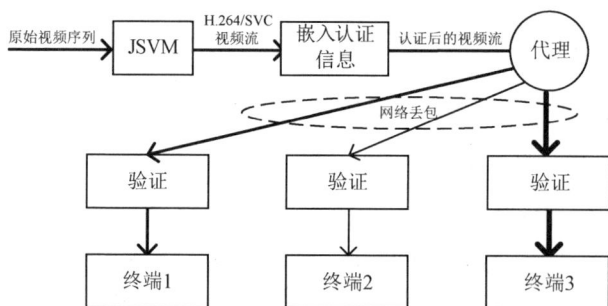

图 2-16　H.264/SVC 视频流认证过程

在图 2-16 中,接收端分别采用了三种具有不同计算处理能力的终端,以模拟实际环境下 H.264/SVC 视频流的收发通信过程。发送端由于需要对视频流进行解析、分组优化认证等,因此采用处理速度较高的计算机。

针对接收端获得的 NAL 单元,在对其进行验证、解码时丢弃数据存在着两种情况:一是该 NAL 单元被正确接收,但由于其解码依赖的数据没有被正确接收，因此无法实现解码；二是该 NAL 单元虽然能够解码，但其认证信息不完整，导致该数据被丢弃。定义认证比 vr 为接收的 NAL 单元中能够实现认证的 NAL 单元所占的比例，通过认证比可以对不同 H.264/SVC 视频流的认证方法进行性能对比，认证比越高，说明其越有效。

由于签名 NAL 单元数据包采用重传 K 次方法，以提高接收端获得该 NAL 单元的概率，而每个数据包的丢包概率为 pro，因此若需要签名 NAL 单元数据包被接收端接收的概率至少为 Ps，则重传次数 K 由以下公式获得：

$$K = \left\lceil \frac{\log(1 - Ps)}{\log pro} \right\rceil \qquad (2\text{-}17)$$

式中，$\lceil \cdot \rceil$ 符号表示向上取整。例如，要求签名 NAL 单元数据包被正确接收的概率大于 0.98，网络丢包概率为 0.1，则该签名 NAL 单元数据包将重传 2 次。

在对质量层数据进行分组优化时，为抵抗网络丢包对接收端验证 NAL 单元的影响，选取参数 p 作为分组中 MGS 数据单元数目的上界。为确定分组中合适的 NAL 单元数目上界，在参数 p 取不同值的情况下，通过实验观察视频流认证比的变化情况。在网络丢包概率变化的情况下，通过调节参数 p 获得 "city" 视频流在所有接收端的认证比的平均值，如图 2-17 所示。其中，$p=1$ 表示没有对 MGS 数据单元采取分组认证，即对单个 MGS 数据单元进行哈希值计算，此时在不同网络丢包概率情况下获得的认证比曲线是对 MGS 数据单元进行分组认证时的比较基准。随着 p 取值的增大，在不同的网络丢包概率下，对应的认证比都有所下降，但此时由于采取分组认证，因此流认证负载所需的网络带宽有所降低。当 p 取值大于 7 时，认证比下降得比较明显，表明在进行分组认证时，分组中 NAL 单元的数目不应超过 7。由图 2-17 可知，当网络丢包概率小于 0.15 时，p 取值为 6；当网络丢包概率大于或等于 0.15 时，p 取值为 5。这表明在减小认证负载网络带宽的情况下，通过设置分组认证时单个分组中最大的 NAL 单元数目，并不会使流认证比有较大的降低。实验中，在对其他视频流进行分组认证时也有类似的结论。

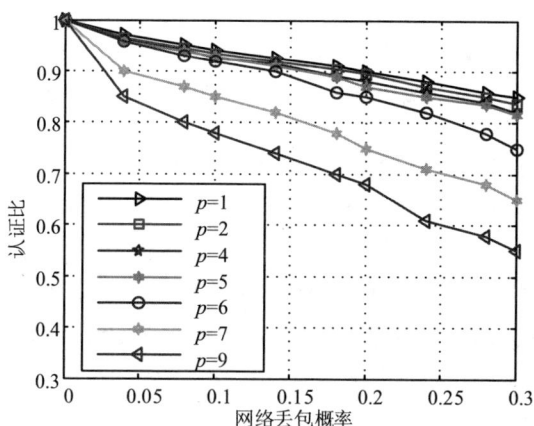

图 2-17 不同参数 p 下的认证比与网络丢包概率

2.6.2 计算时间代价比较

H.264/SVC 视频流认证的计算时间包括发送端的计算时间与接收端的计算时间两部分。发送端的计算时间主要用于向流中添加认证信息，包括对流编码结构的拓扑排序、对质量层数据的分组认证、哈希值计算和签名算法计算等；接收端的计算时间主要用于对获取流的签名验证、哈希值验证计算。在对图像组签名部分，将 n 个图像组合并在一起实现签名认证，FEC 认证方法也采用多个图像组合并签名的方法，而 ECC 认证方法采用单个图像组签名的方法。

图 2-18 给出了发送端与接收端对视频流进行认证或验证时，平均每个图像组所需要的计算时间。其中，图 2-18（a）所示为发送端对三个视频流添加认证信息所需要的计算时间（认证时间）比较；图 2-18（b）所示为接收端验证视频流安全性所需的计算时间（验证时间）比较。符号"TS"表示本章所提出的视频流认证方法，"FEC"与"ECC"分别表示 FEC 认证方法与 ECC 认证方法。从图 2-18 中可以看出，平均认证或验证单个图像组时，本章提出的方法用于计算哈希值、签名算法的时间最少，其次是 ECC 认证方法，FEC 认证方法所需时间最多。FEC 认证方法与 ECC 认证方法因在认证或验证视频流时，需要计算相应的信道编解码算法，故所需时间较多；而 TS 方法则

仅将所需要认证视频逻辑单元的哈希值附着在其解码依赖的节点上，因此没有额外的信道解码时间消耗。

从图 2-18 中也可以看出，随着图像组数目 n 的增大，TS 方法与 FEC 认证方法在对单个图像组进行认证或验证时所需的平均时间都逐渐减少。这是因为图像组数目越大，计算单个签名算法所需要的时间就可以分摊在越多的图像组上，因此认证或验证图像组的平均时间越少。但随着 n 变大，发送端需要更多的延迟时间来存储前 $n-1$ 个图像组数据，因此选择 n 时还需考虑图像组的合并认证对接收端延迟时间的影响。

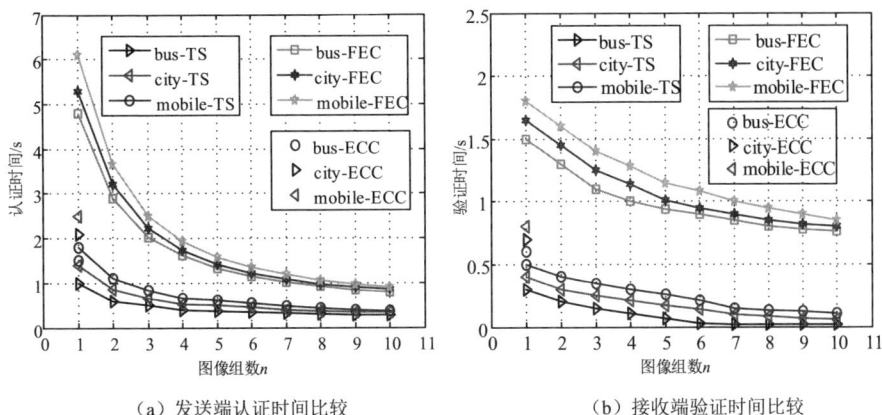

（a）发送端认证时间比较　　　　（b）接收端验证时间比较

图 2-18　视频流认证所需时间

2.6.3　延迟时间比较

H.264/SVC 视频流延迟时间也可分为发送端的延迟时间与接收端的延迟时间两部分。其中，发送端的延迟时间主要用于缓存图像组数据、认证信息生成、签名信息生成；接收端的延迟时间主要用于对接收的图像组数据进行缓存、验证。

当发送端实时传输 H.264/SVC 视频流时，TS 方法与 FEC 认证方法均需要对 n 个图像组进行缓存，而 ECC 认证方法则仅需要缓存 1 个图像组数据。

图 2-19 所示为视频流发送端延迟时间比较，展示了发送端采用三种不同认证方法所带来的延迟时间。从图 2-19 中可以看出，TS 方法对"bus"、"city"和"mobile"三个视频流的延迟时间均小于 FEC 认证方法，这是因为后者需要更多的时间用于应对 FEC 信道编码和质量层优化算法中更大的搜索复杂度。ECC 认证方法对单个图像组进行认证时需要的延迟时间均大于 TS 方法对单个图像组进行认证时需要的延迟时间，可见 TS 方法用于质量层优化分组的时间小于 ECC 认证方法带来的延迟时间，且 ECC 认证方法无法提供质量层的可伸缩性。

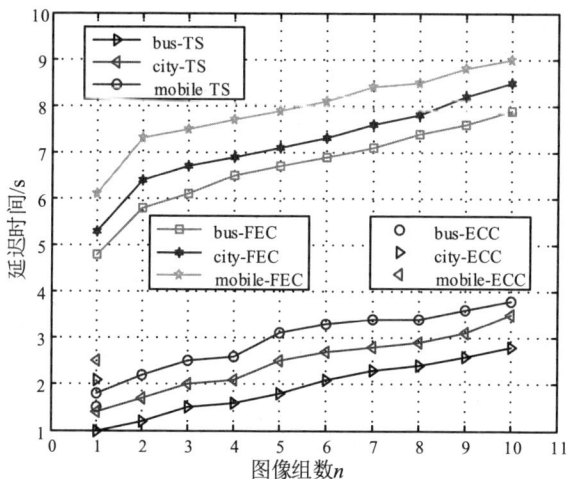

图 2-19　视频流发送端延迟时间比较

采用本章提出的基于解码关系图拓扑排序进行认证的 H.264/SVC 视频流，当接收端获得签名数据包后，根据其中所包含的 n 个图像组的哈希值，可以直接对后续 n 个图像组进行认证，无须设置单独的缓冲区用于认证；而 FEC 认证方法在 $n=5$ 时，最少需要缓存 1 个、最多需要缓存 4 个完整的图像组数据才能对该图像组进行认证；ECC 认证方法在 $n=5$ 时，需要缓存 1 个完整的图像组数据才能对该图像组进行认证。

分析以上结果可知，采用这三种方法对 H.264/SVC 视频流进行认证时，在发送端产生的延迟时间区别较大，TS 方法的延迟时间小于 FEC 认证方法和 ECC 认证方法；对于接收端的延迟情况，TS 方法可以对获取的图像组数据直接进行验证，而其他两种方法则需要利用缓存区存放图像组数据后，才能对其进行验证。

2.6.4 认证负载网络带宽消耗比较

在对 H.264/SVC 视频流进行认证时，发送端需要在视频流中添加认证逻辑单元的哈希值、签名 NAL 单元信息，因此将占用一定的网络带宽。图 2-20 中给出了采用三种认证方法对三个视频流进行认证时的认证负载网络带宽消耗情况。从图 2-20 中可以看出，TS 方法的认证负载网络带宽消耗最少，FEC 认证方法的认证负载网络带宽消耗最多，这是因为 FEC 认证方法对每个空域或质量层 NAL 单元的哈希值认证都重复进行两次传输，虽然采用该方法对于质量层数据进行分组认证在一定程度上避免了对单个质量层 NAL 单元进行单独认证时过高的网络带宽消耗，但多次传输机制却增大了认证负载。ECC 认证方法因为不提供质量层的可伸缩性，所以对于每个质量层仅有一个哈希值认证负载，但计算信道编码及对每个图像组单独进行签名消耗的网络带宽较多。

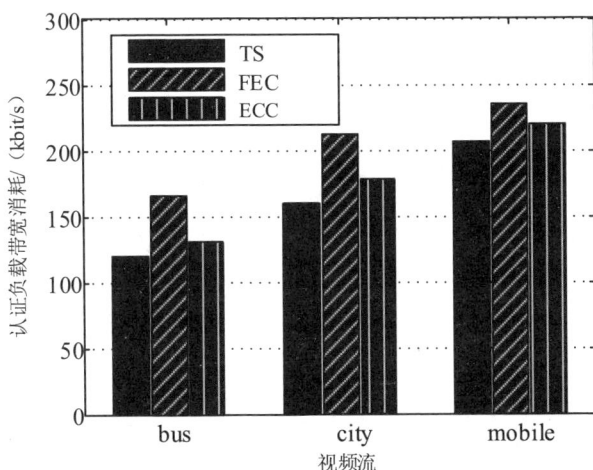

图 2-20 采用三种认证方法对三个视频流进行认证时的认证负载网络带宽消耗

2.6.5 视频恢复质量比较

实验仿真过程中研究了三种认证方法在不同网络丢包概率情况下，接收端平均认证比与 PSNR 的比较结果，如图 2-21 所示。其中，图 2-21（a）所示为平均认证比与网络丢包概率的关系；图 2-21（b）所示为 PSNR 与网络丢包概率的关系。其中，符号"NOAUTH"表示没有进行认证信息添加时的情况。从图 2-21（a）中可以看出，当网络中不存在丢包情况时，三种认证方法的平均认证比都可以达到 1；而随着网络丢包概率的增大，三种认证方法的平均认证比都有所下降。其中，采用 ECC 认证方法时，平均认证比下降最多，其次是 FEC 认证方法；而在采用 TS 方法与 NOAUTH 情况下，平均认证比下降最少。

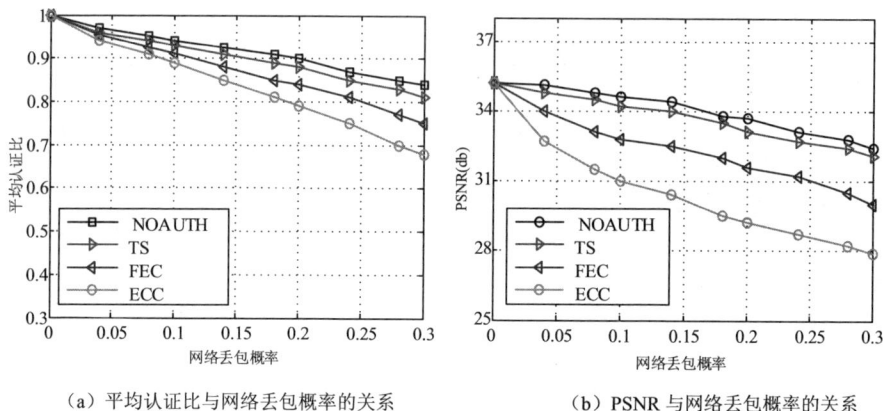

（a）平均认证比与网络丢包概率的关系　　　（b）PSNR 与网络丢包概率的关系

图 2-21　三种认证方法关于平均认证比与 PSNR 的比较

图 2-21（b）中的 PSNR 研究的是视频帧的亮度信息的质量对比，并且对每个视频在所有子信道接收端的 PSNR 求取平均值。从图 2-21（b）中可以看出，当网络丢包概率逐渐增大时，三种认证方法的 PSNR 相比于 NOAUTH 情况下的 PSNR 都有所下降，FEC 认证方法与 ECC 认证方法的下降速度较快；而 TS 方法在接收端的 PSNR 减小值最小。由上面的分析可知，相较于其他两种认证方法，本章提出的认证方法所带来的视频恢复质量影响可以忽略不计。

参考文献

[1] TARTARY C, WANG H, LING S. Authentication of digital streams[J]. IEEE Transactions on Information Theory, 2011, 57 (9): 6285-6303.

[2] WANG Y, WANG H, WANG C. Graph-based authentication design for color-depth-based 3D video transmission over wireless networks[J]. IEEE Transactions on Network and Service Management, 2013, 10 (3): 245-254.

[3] GENNARO R, ROHATGI P. How to sign digital stream[J]. Lecture Notes on Computer Science, 1997, 1294: 180-197.

[4] WONG C K, LAM S S. Digital signautures for flows and multicasts[J]. IEEE Transactions on Networking, 1999, 7 (4): 502-513.

[5] PARK Y S, CHUNG T S, CHO Y K. An efficient stream authentication scheme using tree chaining[J].Information Processing Letters,2003,86(1):1-8.

[6] PERRIG A, CANETTI R, TYGAR J D. Efficient authentication and signing of multicast streams over lossy channels[C]//IEEE Symposium on Security and Privacy, 2000: 56-75.

[7] GOLLE P, MODADUGU N. Authenticating streamed data in the presence of random packet loss[C]//ISOC Network and Distributed System Security Symposium, 2001: 13-22.

[8] ZHANG Z, SUN Q, WONG W. A proposal of butterfly-graph based stream authentication over lossy networks[C]//2005 IEEE International Conference on Multimedia and Expo, 2005: 1-4.

[9] ZHANG Z, SUN Q, WONG W. An optimized content-aware authentication scheme for streaming JPEG-2000 images over lossy networks[J]. IEEE Transactions on Multimedia, 2007, 9 (2): 320-331.

[10] ZHANG Z, SUN Q, APOSTOLOPOULOS J. Generalized butterfly graph and

its application to video stream authentication[J]. IEEE Transactions on Circuits and Systems for Video Technology, 2009, 19 (7): 965-977.

[11] UEDA S, SHINZAKI Y, SHIGENO H. H.264/AVC stream authentication at the network abstraction layer[C]//Proceedings of 2007 Workshop on Information Assurance, 2007: 302-308.

[12] MOKHTARIAN K, HEFEEDA M. Authentication of scalable video streams with low communication overhead[J]. IEEE Transactions on Multimedia, 2010, 12 (7): 730-742.

[13] WEI Z, WU Y, DENG R H, et al. A hybrid scheme for authenticating scalable video codestreams[J]. IEEE Transactions on Information Forensics and Security, 2014, 9 (4): 543-553.

[14] ZHU X, CHEN C W. A joint source-channel adaptive scheme for wireless H.264/AVC video authentication[J]. IEEE Transactions on Information Forensics and Security, 2016, 11 (1): 141-153.

[15] WANG W, PENG D, WANG H. A multimedia quality-driven network resource management architecture for wireless sensor networks with stream authentication[J]. IEEE Transactions on Multimedia, 2010, 12 (5): 439-447.

[16] 易小伟, 马恒太, 郑刚. 压缩图像码流的分组丢失顽健可伸缩认证算法 [J]. 通信学报, 2014, 35 (4): 174-181.

[17] ZHAO Y, LO S W, DENG R H, et al. Technique for authenticating H.264/SVC and its performance evaluation over wireless mobile networks[J]. Journal of Computer and System Sciences, 2014, 80 (3): 520-532.

[18] AMONOU I, CAMMAS N, KERVADEC S. Optimized rate distortion extraction with quality layers in the scalable extension of H.264/AVC[J]. IEEE Transactions on Circuits and Systems for Video Technology, 2007, 17 (9): 1186-1193.

[19] SCHWARZ H, MARPE D, WIEGAND T. Overview of the Scalable Video Coding Extension of the H.264/AVC Standard[J]. IEEE Transactions on Circuits and Systems for Video Technology, 2007, 17 (9): 1103-1120.

[20] MA Q, XING L, ZHENG L. Authentication of Scalable Video Coding Streams Based on Topological Sort on Decoding Dependency Graph [J]. IEEE Access, 2017, 5(1): 16847-16857.

[21] 马强, 张琦, 万栋, 等. 一种基于 H264/SVC 视频流的可伸缩认证方法: ZL 201710499006.1[P]. 2019-12-27.

[22] ZHANG Z, SUN Q, WONG W. Rate-distortion-authentication optimized streaming of authenticated video[J]. IEEE Transactions on Circuits and Systems for Video Technology, 2007, 17 (5): 544-557.

[23] ZHOU L, CHAO H C. Joint forensics-scheduling strategy for delay-sensitive multimedia applications over heterogeneous networks[J]. IEEE Journal on Selected Areas in Communications, 2011, 29 (7): 1358-1367.

[24] 聂秀山, 刘琚, 孙建德. 基于局部线性嵌入的视频拷贝检测方法[J]. 电子与信息学报, 2011, 33 (5): 1030-1034.

第3章 基于中心校准的
图像哈希认证技术

针对互联网中图像信息的可信认证问题，本章从图像底层语义的区分性、鲁棒性进行研究。一方面，互联网数据包在链路中传输的特点决定了图像底层语义可信认证需要具备一定的鲁棒性；另一方面，网络中的攻击者可能会破坏图像信息的语义完整性，这就要求对图像感知内容的区分性进行有效描述。因此，用于互联网图像信息的可信认证技术需要充分地考虑图像底层语义的区分性与鲁棒性。

为有效地权衡互联网图像底层语义的区分性与鲁棒性，本章提出了一种基于中心校准的图像哈希认证技术。该技术通过中心校准方法，定量描述人在判断图像安全与否时主观因素对哈希算法中区分性与鲁棒性的影响。本章首先分析互联网中图像哈希认证的过程、技术特点，接着建立并求解基于中心校准的图像哈希模型，然后介绍图像哈希算法的优化方法，最后通过实验验证该算法具有较好的区分性和鲁棒性。

3.1 图像哈希认证技术分析

3.1.1 图像哈希认证的过程

由于图像在互联网中传输或保存时容易受到噪声影响，或经过一些非攻击性的操作，如比例缩放、旋转等，但其感知内容本身仍然是完整和可信的，因此此类操作通常被看作是允许的。传统的 SHA（Secure Hash Algorithm，安全哈希算法）或 MD（Message Digest，消息摘要）算法对输入比特变化具有极高的敏感特性，不能体现对图像非攻击性操作的容许特性，因此不适用于网络图像的具有鲁棒特点的内容表示。而图像哈希算法或图像签名算法则能很好地满足这一需要。

对于图像哈希算法，若图像用 I 表示，在生成图像哈希值的过程中采用的密钥为 K，则图像哈希值为 $H_K(I)$。用 I_{indet} 表示对图像进行非攻击性操作后感知内容仍然保持不变的图像，用 I_{diff} 表示与图像 I 感知内容不一样的图像。图像哈希算法需满足的要求有鲁棒性、区分性和安全性。

（1）鲁棒性，即

$$\Pr(\|H_K(I) - H_K(I_{indet})\| < \tau) > 1 - \theta_1,\ \tau > 0,\ 0 < \theta_1 \leqslant 1$$

式中，τ 和 θ_1 为很小的正数；$\Pr(\ )$ 表示概率。鲁棒性表示若图像经过操作后，感知内容不变，则其哈希值和原图像的哈希值应该非常接近。

（2）区分性，即

$$\Pr(\|H_K(I) - H_K(I_{diff})\| > \tau) > 1 - \theta_2,\ 0 < \theta_2 \leqslant 1$$

式中，θ_2 为很小的正数。区分性表示图像的哈希值应与和其感知内容不一样的图像的哈希值差别很大。

（3）安全性，图像的哈希值 $H_K(I)$ 相对于图像 I 在以密钥 K 为随机变量的情况下的熵值要足够大。

图像哈希认证的过程如图 3-1 所示。通常情况下，图像哈希认证包括预处理、特征提取和哈希值生成三部分。其中，预处理主要对图像进行一系列的预操作，如大小归一化、图像像素值转换成灰度值、高斯滤波消减噪声影响等，使它成为标准大小、格式的图像数据；特征提取则是该算法的核心，通常选择的特征应该满足哈希值的鲁棒性、区分性要求，特征既可以是在图像空域上像素的统计信息，又可以是图像变换域内的代表性信息；哈希值生成包括对提取的特征进行降维、压缩和量化处理等操作。对于从信道接收到的图像采用同样的方法获得相应的哈希值 H'，并将其与原图像的哈希值 H 相比较，以判断接收到的图像是否安全，即图像内容是否完整。其中，哈希值 H 一般通过安全信道传输至接收端。为了保证哈希值的安全，通常在特征提取过程中加入密钥控制，以提高图像哈希值中比特变化的熵。

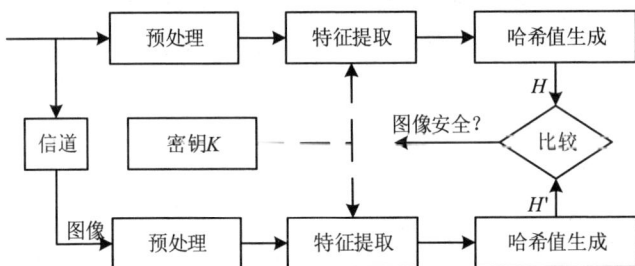

图 3-1　图像哈希认证的过程

3.1.2　图像哈希认证的技术特点

图像哈希算法按照哈希值生成过程中所采用的特征不同，主要分为五类：基于图像统计特征的图像哈希算法、基于图像重构特征的图像哈希算法、基于图像底层描述算子特征的图像哈希算法、基于图像数据矩阵变化特征的图像哈希算法、基于机器学习的图像哈希算法。

（1）基于图像统计特征的图像哈希算法。

此类算法的特点是根据图像像素的亮度、变换域系数的统计量特征生成鲁棒哈希值，统计量包括均值、方差或高阶矩。代表性算法有 Xiang 等人提出的图像"直方图相邻区间"统计特征哈希算法[1]、Vadlamudi 等人提出的"改进图像直方图"的图像哈希算法[2]（将图像块直方图的 256 个区间转换成 8 个区间，每个区间变成更大的容器，以提高算法的鲁棒性）、Zhao 等人提出的基于图像"Zernike 矩特征"的图像哈希算法[3]和 Chen 等人提出的基于图像"Tchebichef 矩特征"的图像哈希算法[4]。此类算法的特点是图像哈希值对几何操作的鲁棒性较好，但在图像内容篡改检测方面的性能较差。

（2）基于图像重构特征的图像哈希算法。

此类算法主要利用图像的一些变换域特征来构成图像的鲁棒哈希值，变换方法包括 DCT（Discrete Cosine Transform，离散余弦变换）、DFT（Discrete Fourier Transform，离散傅里叶变换）、DWT（Discrete Wavelet Transform，离散小波变换）等，通常变换域需要满足所提取的图像特征对一些不改变图像感知内容的操作具有较好的鲁棒性。近年来，对基于此类特征的图像哈希算法的研究较多。Tang 等人提出了基于"主要 DCT 变换系数"的图像哈希算法[5]，对分块单独提取主要 DCT 变换系数，建立该系数的特征矩阵，采用矩阵压缩方法获取该特征矩阵中行、列之间的距离，并与预定阈值比较得到二进制哈希比特。Swaminathan 等人提出了"Fourier-Mellin 变换"图像哈希算法[6]，将对图像离散傅里叶变换系数在对数极坐标下不同半径环上的频域系数进行加权求和，以获得特征哈希值。此后，针对 Swaminathan 等人的研究，出现了一些改进算法，如 Sun 等人提出的基于"Fourier-Mellin+压缩感知"的图像哈希算法[7]、Li 等提出的基于"高斯滤波与抖动格状向量量化"的图像哈希算法[8]、Qin 等提出的基于"DFT+非均匀采样"的图像哈希算法[9]。

在图像重构特征选择上，另一类研究较多的特征是基于"Radon 变换"域特征。Seo 等人首先提出了采用"Radon 变换"的哈希算法[10]，Ou 等人提出了"Radon+密钥方式"的图像哈希算法[11]，Lei 等人提出了基于"Radon+DFT"的图像哈希算法[12]等。Radon 变换对图像像素值在不同方向上进行投影，用投影后的值来替代原图像的感知内容，该变换的优点在于其对图像的尺寸缩放、平移、旋转操作具有较好的鲁棒性。

（3）基于图像底层描述算子特征的图像哈希算法。

此类算法的特点是在选取用户生成图像哈希值时，通常采用图像的底层描述算子获得特征矩阵，如梯度算子 HOG（Histogram of Oriented Gradient，方向梯度直方图），SIFT（Scale Invariant Feature Transform，尺度不变特征转换）等，代表性的研究工作有 Lv 等人提出的基于"SIFT+Harris+形状上下文"的图像哈希算法[13]和 Setyawan 等人提出的基于"局部 HOG"的图像哈希算法[14]（其哈希值对旋转、亮度攻击具有较高的识别特性，但对图像中添加的噪声鲁棒性较差）。针对彩色图像的哈希值计算，Tang 等人提出了基于"Canny 算子+颜色向量角度"的图像哈希算法[15]，采用 Canny 算子来提取图像角度信息矩阵中物体的边缘特征；Yan 等人提出了基于"特征点自适应检测方法"的多尺度图像哈希算法[16]，该算法通过比较原图像、操作后图像的特征差别来获得鲁棒性较好的特征，但特征点个数的选取对算法的性能影响较大，在实际应用中不容易确定最优的数值。

（4）基于图像数据矩阵变化特征的图像哈希算法。

此类算法的特点是将图像数据视为一个二维矩阵，采用矩阵分解的方法获取矩阵中的主要信息，并利用这些信息来表示图像的鲁棒特征。常见的矩阵分解方法包括 SVD（Singular Value Decomposition，奇异值分解）、NMF（Nonnegative Matrix Factorization，非负矩阵分解）。Qin 等人提出了基于"SVD+块截断编码"的图像哈希算法[17]，Monga 等人提出了基于"NMF"的图像哈希算法[18]，该算法确保分解后的矩阵中系数都大于零。NMF 与 SVD 相比，更能捕获到图像的局部特征，而 SVD 则捕获的主要是图像的全局信息，采用 NMF 获得的哈希值具有较好的区分性，更适合图像的安全认证。

此后针对图像 NMF 的研究，出现了一些基于 NMF 改进方法的图像哈希算法。Tang 等人利用 NMF 能较好地表示图像局部信息的特点，提出了基于 NMF 实现对图像篡改位置定位的图像哈希算法[19]；Tang 等人还提出了"环划分+NMF"的图像哈希算法[20]。针对图像旋转操作的鲁棒特征，Xiang 等人提出了具有约束条件的图像分块策略[21]，即选择图像的中心特征，且分块大小、位置选择应与图像的旋转角度有关，采用"NMF+NMF+SQ"获得特征的哈希值。此类算法的优点是，对图像几何操作的鲁棒性较好；缺点是，在图像内容的完整性认证上，哈希值的敏感性不够好。

（5）基于机器学习的图像哈希算法。

此类算法的特点在于通过机器学习的方法，发现图像特征在高维空间中的结构特点，并采用一些降维方法将高维空间中图像特征向量之间的关系保持在低维空间中。该部分研究工作与图像的索引、查找类似，都是在大量图像数据的基础上，通过学习方法来构造图像哈希算法或鲁棒哈希函数。欧阳遄飞等人提出了一种基于"稀疏化主成分分析方法"的图像哈希算法[22]，Tang 等人采用基于 LLE（Locally Linear Embedding，局部线性嵌入）的方法实现了图像的哈希值生成[23]。LLE 的基本思想是一种非线性的降维方法，它能够将高维空间中数据之间的邻近关系保持在低维空间中，该算法主要利用 LLE 寻找分块之间的低维映射，不足之处在于对图像旋转操作的鲁棒性较差。

3.2 基于中心校准的图像哈希算法的数学描述

3.2.1 基于中心校准的图像哈希算法的思想

现有的图像哈希算法在判断待检测内容的完整性是否正确时，都假定以原始内容特征的哈希值为基准进行比较，以一个设定的阈值来判断，当待检测内容特征的哈希值与原始内容特征的哈希值之间的距离小于阈值时，判定待检测内容完整，否则判定待检测内容遭到了篡改。但需要注意的是，现有的图像哈希算法在图像的鲁棒性程度方面，即能够允许对图像保持感知内容操作方面，具有一定的主观因素；在判断图像篡改内容的敏感性方面，也存在一定的主观判断过程。因此，图像哈希算法设计中需要通过大量的训练数据，寻找合适的、能够体现主观判断因素的哈希函数。

从图像哈希值的生成流程来看，图像哈希算法实质上是，将图像内容映射至特征空间中的一个点，并且以该点为中心、一定大小阈值为半径的闭球包括所有内容完整的图像的特征点，即若有其他待检测图像的特征点落在该闭球内，则断定该待检测图像内容安全。然而，主观因素的干扰可能会影响该中心的位置分布。如图 3-2 所示，其中实心三角形 t 表示原图像的特征点，空心圆表示对原图像进行保持其感知内容操作后所形成的特征点，空心方框表示对原图像进行篡改后形成的特征点，σ 是闭球半径大小，而空心三角形 t' 是原中心平移后的新闭球的中心，ε 是中心平移的距离。可以看出，用 t' 作为闭球中心判断图像特征是否安全具有更大的优势，因为它包含了更多允许鲁棒操作后的图像的特征点，具有更好的区分性。因此，需研究一种基于中心校准的图像哈希算法，寻求用来判断待检测图像内容是否安全的最优的基准，以提高图像哈希认证的有效性[24]。

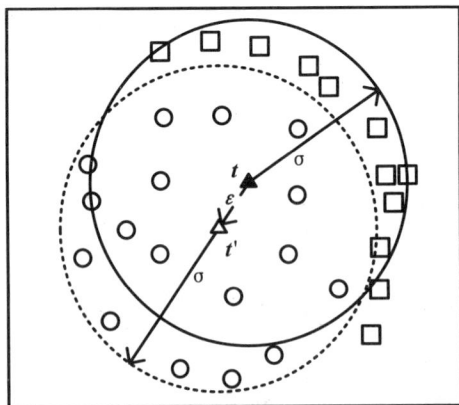

图 3-2　基于中心校准的图像哈希算法概念示意图

3.2.2　基于中心校准的图像哈希算法模型

目前，已有多种针对图像的鲁棒哈希算法，从算法的流程上看，主要分为四个部分，即预处理、特征提取、降维处理和量化编码，如图 3-3 所示，其中一些算法考虑到生成哈希值的安全性，可对四个部分中的某个部分或多个部分进行加密处理。预处理旨在对图像进行归一化操作，如缩放图像使其高度、宽度值标准化。由于图像像素中的灰度信息包括了人对其进行理解的重要感知信息，因此通常在考虑图像不变的感知内容时，将其像素亮度值转换成灰度值处理，以提高哈希值的稳健特性。

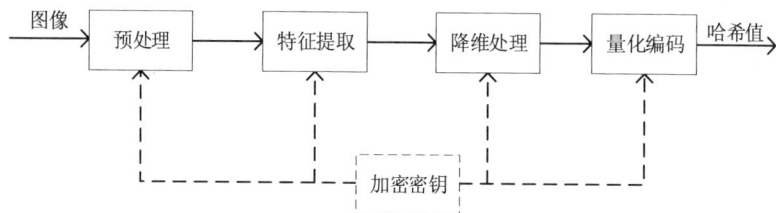

图 3-3　针对图像的鲁棒哈希算法流程

由于提取的图像特征通常维度数目较大，无法实现哈希值的紧凑性特点，需要对其进行降维处理。

降维处理按照操作性质的不同，分为两种方法：直接选取重要的特征参数方法和基于机器学习的方法。前者是指对图像进行 DCT、DFT、SVD 或 NMF 变换后，选择权重值较大的参数构成低维空间特征，后者是指采用 LLE、PCA 等方法直接将高维空间的特征降到低维空间。

在量化编码部分，通常采用的方法有中间值比较法、Huffman 编码等。

在对图像的特征进行降维处理时，基于机器学习的方法相较于直接选取重要的特征参数方法，更易发现高维空间中潜在的规律和特性，因此在图像的内容相似度检索、攻击行为检测方面使用得越来越广泛，如 Li 针对图像中"copy-move"攻击行为的检测，提出了基于"局部敏感哈希（Locality Sensitive

Hash，LSH）+极余弦变换"的近似领域搜索方法[25]。其中LSH是一种无监督的降维方法，它采用随机向量映射方式，将高维空间中相邻的点以较高概率映射至低维空间中同一个桶（Bucket）中，而不相邻的点则以很低的概率映射至同一个桶中，该方法在降维处理中的应用较广泛。

目前，有许多研究工作对LSH进行了改进与应用。Wang等人在LSH的基础上，提出了一种基于半监督LSH的图像检索方法[26]，此时训练集中仅有一部分数据有相应的标签信息。Bai等人提出了"LSH+p稳定分布"的图像哈希算法[27]，p稳定分布增强了LSH方法中高维空间向低维空间映射时的局部特征。Zhang等人针对近似图像检测，提出了"LSH+bitHash"方法[28]，其中bitHash表示一个哈希映射函数仅生成一个比特，该方法结合支持向量机实现对图像的有效表示。Zhang等人针对视频中的异常行为检测，提出了基于LSH的滤波器方法[29]，其主要工作在于对LSH映射向量中的随机向量参数进行学习。

本章对图像进行鲁棒哈希值计算时，采用基于LSH的中心校准哈希算法，其中LSH方法采用p-stable分布。以下将分别介绍p-stable分布、LSH方法及图像哈希算法的数学模型。

定义 3.1 令$v \in \mathbf{R}^d$且$X_1, X_2, \cdots, X_d, Z$是服从D分布的独立同分布的随机变量，则D分布为p-stable分布时需满足的条件为

$$<v, X> \overset{d}{=} \|v\|_p Z \qquad (3-1)$$

式中，$X=[X_1 \quad X_2 \quad \cdots \quad X_d]$；符号$\overset{d}{=}$表示具有同种分布。

式（3-1）说明，向量v与X的内积与$\|v\|_p Z$具有相同的分布。

常见的p-stable分布有标准柯西分布和标准高斯分布，前者是1-stable分布，后者是2-stable分布。p-stable分布可以有效地估计高维向量的范数，因此可以用来对高维向量进行降维，即可以让维度降低后的向量之间的距离关

系保持向量在原高维空间中的距离特性，如 Johnson-Lindenstrauss 引理在高维空间降维中的应用。

定义 3.2 一组函数 $H = \{h: S \rightarrow U\}$ 对于空间距离 D 是 (r_1, r_2, p_1, p_2)-sensitive，对于任意的 $v, q \in S$，仅需要满足以下条件：

① 如果 $D(v, q) \leq r_1$，那么 $\Pr_H(h(v) = h(v)) \geq p_1$。

② 如果 $D(v, q) \geq r_2$，那么 $\Pr_H(h(v) = h(v)) \leq p_2$。

为了使该 LSH 方法有效，通常需要满足条件 $p_1 > p_2$ 和 $r_1 < r_2$。LSH 方法的基本思想是，将高维空间中的数据向量映射到低维空间时，使得在原空间中距离较近的数据向量被映射到低维空间后，数据向量之间的距离仍然较近。结合 p-stable 分布的特点，选择满足 p-stable 分布的特征向量为映射向量，即可以实现 LSH 方法对映射函数的要求。因此，基于 p-stable 分布的 LSH 方法步骤如下。

（1）选择向量 $\boldsymbol{a} \in \mathbf{R}^d$，其中向量中各个元素相互独立且服从 p-stable 分布。

（2）选择量化步长大小 w。

（3）选择在区间 $[0, w]$ 上均匀分布的随机参数 o。

（4）定义映射函数 $h(\boldsymbol{x})$：

$$h(\boldsymbol{x}) = \left\lfloor \frac{<\boldsymbol{a}, \boldsymbol{x}> + o}{w} \right\rfloor \tag{3-2}$$

式中，运算符 $\lfloor \cdot \rfloor$ 表示向下取整。为使定义 3.2 中概率取值 p_1 与 p_2 之间的差值足够大，将 K 个类似的 $h(\boldsymbol{x})$ 函数连接起来，构成一个哈希函数，即 $g(\boldsymbol{x}) = \{h_1(\boldsymbol{x}), h_2(\boldsymbol{x}), \cdots, h_k(\boldsymbol{x})\}$，$\mathcal{G} = \{g: S \rightarrow U^K\}$，函数 $g(\boldsymbol{x})$ 被称作桶，将 $\boldsymbol{x}$ 向量从空间 $\mathbf{R}^d$ 映射至空间 $\mathbf{R}^K$，且高维空间中相邻向量将以较高概率被映射到

同一个桶中。

（5）为提高降维过程中的局部敏感特性，通常将 L 个 $g(x)$ 合并，构成映射函数，即

$$l(x)=\{g_1(x) \quad g_2(x) \quad \cdots \quad g_L(x)\}$$

式中，L 为映射向量长度。L 与 K 的取值、哈希函数的鲁棒性及区分性有关，可根据训练经验进行取值。

在提取图像的感知内容时，将其在亮度上的信息作为哈希值计算的特征。若图像中每个像素值为 R、G、B 3 个分量值，每个分量值的长度为 8 比特，则可按照 ITU-R BT.601 颜色转换标准将其转化到 YC_bC_r 颜色空间，即：

$$\begin{bmatrix} Y \\ C_b \\ C_r \end{bmatrix} = \begin{bmatrix} 65.48 & 128.553 & 24.966 \\ -37.797 & 74.203 & 112.0 \\ 112.0 & -93.786 & -18.214 \end{bmatrix} \begin{bmatrix} R \\ G \\ B \end{bmatrix} + \begin{bmatrix} 16.0 \\ 128.0 \\ 128.0 \end{bmatrix} \tag{3-3}$$

选择其中的亮度信息 Y 作为每个像素感知内容的取值。

待提取鲁棒特征的图像集用变量 I 表示，并且 $I=\{i_n | n=1,\cdots,N\}$，其中变量 i_n 是第 n 张图像的原始数据，整个图像集包含 N 张图像。对每张图像提取特征，获得原图像的特征集合，该集合用 F 表示，并且 $F=\{f_n | n=1,\cdots,N\}$，其中 f_n 表示第 n 张图像的特征信息。对图像集中的所有图像分别进行不改变感知内容的鲁棒操作，以及改变其感知内容的篡改操作，生成相应的图像并提取相应的特征，构成的集合分别为 $S=\{s^n | n=1,2,\cdots,N\}$，$D=\{d^n | n=1,2,\cdots,N\}$，其中集合 s^n 与 d^n 分别为与 f_n 感知内容相似和感知内容不相同的特征构成的集合，且 s^n 与 d^n 的大小分别为 s 和 d，即在对图像进行鲁棒操作和篡改操作时，对每张图像进行的操作次数相等，分别为 s 和 d。虽然对不同的图像可以进行不同次数的操作，但为了数学描述的方便，假定每个图像的操作次数相等。

通过对图像感知内容进行不同性质的操作，可以构造相应的相似度矩阵 C，该矩阵为一方阵，且大小为$(s+d+1)\times N$。矩阵 C 中元素定义如下：

$$C_{p,q} = \begin{cases} 1 & \text{case } 1 \\ 0 & \text{case } 2 \\ -1 & \text{case } 3 \end{cases} \qquad (3\text{-}4)$$

式中，矩阵元素下标 p 与 q 表示图像特征集合 $F \cup S \cup D$ 中元素序号，该矩阵元素有三种取值可能。

（1）case 1 表示特征 t_p 与 t_q 对应的图像具有相同的感知内容，即 $t_p, t_q \in \{f_i \cup s^i\}$。

（2）case 2 表示特征 t_p 与 t_q 对应的图像是同一个图像，对应于相似度矩阵的对角线元素。

（3）case 3 表示特征 t_p 与 t_q 对应的图像的感知内容不一致或不具有相同的感知内容。

令图像特征 t_i 经过哈希函数 $l(x)$ 计算后得到的哈希向量为 l_i，采用 $d(\cdot)$ 函数来计算两个哈希向量之间的距离。直观上，为了获得一个好的哈希函数，应该满足下面的优化函数，即

$$\underset{l(\cdot)}{\arg\min} \sum_p \sum_q C_{p,q} d(l_p, l_q) \qquad (3\text{-}5)$$

其中，哈希函数 $l(x)$ 由参数 a、o 与 w 决定。

上述最小化目标函数可以从两方面理解，若图像特征 t_p 与 t_q 对应的图像具有相同的感知内容，则期望式（3-5）中的 $d(l_p, l_q)$ 的值越小越好，即两个哈希向量之间的距离越小，哈希函数具有越好的鲁棒性；若两图像具有不同的感知内容，则期望其 $d(l_p, l_q)$ 的值越大越好，以使得相互之间的哈希向量距离很大，哈希函数具有更好的区分性。

当对图像内容的完整性进行认证时，根据哈希函数 $l(x)$ 计算其哈希值，并将其与中心校准后的图像的哈希值进行比较，通过两者的距离来判断接收的图像底层内容是否遭到了篡改。因此，哈希函数 $l(x)$ 中 $g(x)$ 的定义如下：

$$g(x) = \begin{cases} \left\lfloor \dfrac{A^{\mathrm{T}} \cdot (x+E) + o}{w} \right\rfloor & \text{若} x \text{属于集合} F \\[4mm] \left\lfloor \dfrac{A^{\mathrm{T}} \cdot x + o}{w} \right\rfloor & \text{其他} \end{cases} \tag{3-6}$$

式中，映射矩阵 $A = [a_1\ a_2\ \cdots\ a_K] \in \mathbf{R}^{d \times K}$；平移向量 $E \in \mathbf{R}^d$；参数 $o = [o_1\ o_2\ \cdots\ o_K]$；量化步长 $w = [w_1\ w_2\ \cdots\ w_K]$。

式（3-6）中，相除表示的是两个向量对应位置上的元素相除，与 LSH 方法中 $h(x)$ 类似，故运算结果为一向量值。哈希函数 $l(x)$ 中由 L 个这样的 $g(x)$ 函数构成，且平移向量 E 实质上是将原图像特征在高维空间中进行变换，使其向最优的中心位置靠拢，从而使得目标函数的取值最小。

式（3-6）中，映射矩阵 A 中的每个元素都可以根据 p-stable 分布生成的随机值获得，参数 o 可以根据在量化步长内均匀分布的随机数获得，因此式（3-5）中的待求解参数只有平移向量 E 及量化步长 w，也可以写成以下形式：

$$\underset{E,w}{\arg\min} \sum_p \sum_q C_{p,q} d(l_p, l_q) \tag{3-7}$$

平移向量与量化步长和哈希函数的鲁棒性、区分性有关。若平移向量的大小选取不当，则可能造成大量不属于集合 s^n 的特征落入该集合，算法的区分性降低，或本该属于 s^n 集合的特征落入集合 d^n，算法的鲁棒性降低。

若量化步长取值较大，则特征向量空间中较大距离的特征向量经哈希算法后将落入同一个量化区间，算法的鲁棒性增高，但区分性降低；若量化步长取值较小，则仅有较小距离的特征向量经哈希算法后落入同一量化区间，算法的区分性较高，但鲁棒性降低。

基于中心校准的图像哈希算法流程如图 3-4 所示，其中包括参数训练阶段、图像哈希值生成阶段。参数训练阶段对大量图像集合（包括原图像、进行鲁棒操作后的图像、进行篡改操作后的图像）进行训练，获得相应的参数 E 和 w；训练后获得的参数作为图像哈希值生成阶段中 LSH 函数计算的参数使用。

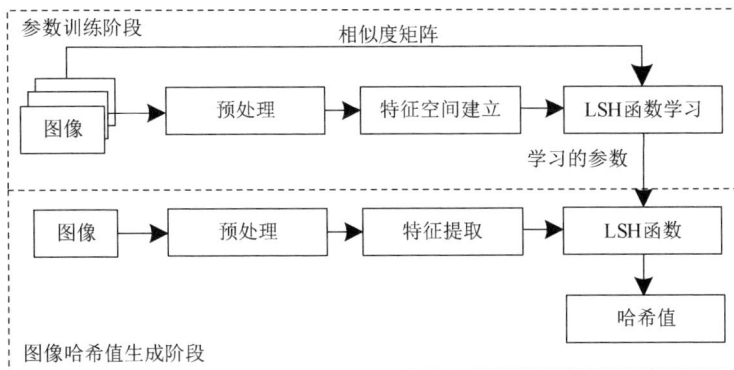

图 3-4　基于中心校准的图像哈希算法流程

3.3　图像哈希算法的优化方法

求解式（3-7）时，同时基于其中的两个参数进行优化比较困难，这是由于平移向量反映了鲁棒操作与恶意攻击行为对图像内容完整性判断过程造成的影响，具有随机特性；而量化步长却与式（3-2）中内积取值的大小有关，不具有随机特性。因此，将该目标优化问题转化成两个子问题进行求解，即①最优平移向量 E 的求解、②最优量化步长 w 的求解。先寻找最优平移向量，再寻找最优量化步长。这样处理的好处在于，简化了目标函数的求解过程，而且子问题①的求解相对独立于特定的哈希函数，对其他多媒体类型的鲁棒哈希算法具有借鉴意义。

3.3.1　最优平移向量的求解

对图像进行操作,无论是允许的、不会对图像感知内容造成破坏的操作,还是对图像感知内容进行恶意修改的操作,都可以看作在图像内容上叠加噪声,即对图像进行操作如同在传输信道中对图像的像素添加加性噪声,因此 E 可看作多种随机噪声共同作用时的等效平移向量。由图 3-2 可知,最优平移向量 E 应使得在以 $t+E$ 为中心、以 σ 为半径的闭球中包含足够多的具有内容完整性的安全图像、尽可能少的非安全图像,因此定义类内聚集度和类间离散度来寻找最优适应值函数。定义类内聚集度 α 为

$$\alpha = \sum_{i=1}^{N} \alpha_i \tag{3-8}$$

式中,α_i 为特征 t_i 的聚集度。定义 α_i 为

$$\alpha_i = \sum_{t \in s^i} \| t - t_i' \| \tag{3-9}$$

$$t_i' = t + E \tag{3-10}$$

式中,t_i' 为特征 t 平移后的中心,用作对特征 t 对应的图像进行认证时的基准。

定义类间离散度 β 为

$$\beta = \sum_{i=1}^{N} \| t - \bar{t} \| \tag{3-11}$$

式中,$\bar{t}$ 为图像样本空间所有特征的中心值。定义 $\bar{t}$ 为

$$\bar{t} = \sum_{i=1}^{N} t_i' \tag{3-12}$$

最优平移向量应该使得类内聚集度尽可能小、类间离散度尽可能大,定义适应值函数 J 为

$$J = \alpha / \beta \tag{3-13}$$

因此问题转化成寻找最优平移向量 $\boldsymbol{E}$ 使得函数 J 取得最小值，即

$$\boldsymbol{E} = \underset{\boldsymbol{E}}{\arg\min} J \tag{3-14}$$

在寻找上述问题的目标函数值过程中，有两种类型的优化方法可供选择：一种是传统的基于确定性的优化方法，如共轭梯度方法、牛顿方法、最小二乘方法；另一种是基于随机型算法的优化方法，如遗传算法、蚁群算法和粒子群算法。由于最优平移向量具有随机噪声特性，且目标函数因最优平移向量而具有不确定性特点，因此采用基于粒子群算法的优化方法对式（3-14）进行求解。粒子群算法是一种基于社会认知行为、模拟群居动物无须领导者就能够实现觅食过程的优化算法，相较于其他随机型算法，其优点在于算法简单、设置参数较少、具有记忆功能，目前已在很多领域中得到应用。一群动物，如鸟群、鱼群在没有领导者的决策时，将随机地寻找食物。该群动物将追随其中与食物最接近的动物，动物之间共享与食物最接近的动物的位置信息，即若某个动物发现自己与食物最接近，它将通知其他动物自己的位置信息并让其他动物靠近该食物。

在粒子群算法中，每个粒子都是问题的一个解，且粒子具有记忆功能，即保存自己的最优位置信息和全体粒子的最优位置信息。单个粒子的位置信息根据其速度信息进行更新，而速度信息由该粒子过往信息中最优的位置信息和全体粒子中最优的位置信息决定。随着迭代次数的增加，所有粒子将向最优解逼近。令粒子群算法空间中粒子 i 在时刻 t 的位置信息为 $\boldsymbol{x}_i(t)$，该时刻粒子的速度信息为 $\boldsymbol{v}_i(t)$，于是有以下关系：

$$\boldsymbol{x}_i(t+1) = \boldsymbol{x}_i(t) + \boldsymbol{v}_i(t+1) \tag{3-15}$$

$$\boldsymbol{v}_i(t) = I_p \boldsymbol{v}_i(t-1) + c_1 r_1 \big(\mathbf{lb}_i(t) - \boldsymbol{x}_i(t-1)\big) + c_2 r_2 \big(\mathbf{gb}(t) - \boldsymbol{x}_i(t-1)\big) \tag{3-16}$$

式中，I_p 为惯性参数，反映了前一时刻速度信息对当前时刻速度信息的影响

程度；c_1、c_2 为加速度常数，表示粒子在获取新的速度信息时，自身认识能力和全局认识能力所占的贡献大小；r_1、r_2 为[0, 1]上均匀分布的随机数；$\mathbf{lb}_i(t)$ 为单个粒子在时刻 t 的最优位置信息；$\mathbf{gb}(t)$ 为所有粒子在时刻 t 的最优位置信息。

惯性参数 I_p 的大小决定了粒子在更新速度信息值时前一时刻的速度信息对当前粒子移动方向的影响。若 $I_p \geq 1$，则粒子的速度将随着时间增加而逐渐增大，某些粒子的速度信息极易超过最大速度信息，并且搜索空间将发散；若 $I_p < 1$，则粒子的速度将随着时间增加而逐渐减小，某些粒子的速度信息则可能小于最小速度信息。较大的 I_p 取值有利于搜索空间的探索，较小的取值则有利于局部空间的充分利用。因此，采用速度信息范围约束方法，定义粒子的最大速度信息和最小速度信息分别为 v_{max} 和 v_{min}，使得粒子群中的每个粒子在每次迭代过程中的速度信息不超出该范围。

基于粒子群算法的最优平移向量的求解步骤如图 3-5 所示。首先，每个粒子的值按照独立同分布高斯分布函数随机生成，并且粒子中存放该粒子的最优位置信息；然后，按照适应值函数计算每个粒子的适应值，并进行迭代。在每次迭代过程中更新每个粒子的最优位置信息，按照式（3-15）与式（3-16）更新粒子的位置信息和速度信息，并且选取所有粒子中的最小适应值作为当前迭代的全局最优适应值。因此，随着迭代次数的增加，粒子将向具有最小适应值的粒子收敛。实际中，最大迭代次数可以根据适应值函数变化的大小趋势及经验设定。

输入：图像集合，适应值函数 J，粒子数目 N，惯性参数 I_p，加速度常数 c_1、c_2，最大速度信息和最小速度信息 v_{max} 和 v_{min}，最大迭代次数 T；

Step 1：初始化粒子值 $\{x_1, x_2, \cdots, x_i, \cdots, x_N\}$ 与迭代次数 t。其中，$x_i = \{x_{ij} | j=1, 2, \cdots, d\}$ 且 x_{ij} 服从 i.i.d 高斯分布，$t=0$；

Step 2：按照适应值函数 J 计算 N 个粒子的适应值；

图 3-5　基于粒子群算法的最优平移向量的求解步骤

Step 3：更新最优位置信息。对于每个粒子 x_i，比较当前迭代时刻的适应值 J_{cur} 与该粒子的最优位置信息 lb 对应的适应值 J_{lb}，若 $J_{cur}<J_{lb}$，则 $J_{lb}=J_{cur}$ 且 $x_i=$ lb；对于所有粒子的最优位置信息，首先找出当前迭代时刻所有粒子中适应值最小的粒子 x^*，其对应的适应值为 J^*，然后比较该最小适应值与上次迭代获得的全局最优位置信息 gb 对应的最小适应值 J_{gb}，若 $J^*<J_{gb}$，则 $J_{gb}=J^*$ 且 gb$=x^*$；

Step 4：更新粒子的最优位置信息与速度信息。对于每个粒子 x_i，其速度信息更新方法：首先根据式（3-16）计算 v_i；然后对其进行范围检查，即 $v_i=\min\{v_i, v_{max}\}$，$v_i=\max\{v_i, v_{min}\}$；粒子 x_i 的位置信息更新公式为 $x_i=x_i+v_i$；

Step 5：更新迭代次数 $t=t+1$；

Step 6：若 $t<T$，则执行 Step 2；否则终止迭代；

输出：最优平移向量 $E=x^*$。

图 3-5 基于粒子群算法的最优平移向量的求解步骤（续）

3.3.2 最优量化步长的求解

在传统的 LSH 算法中，量化步长的选择没有固定公式化的方法，只是从仿真角度说明当量化步长增大到一定程度时，LSH 算法的性能将达到最优。但当 LSH 算法用于图像认证时，w 的选择对于图像哈希值的区分性和鲁棒性具有约束作用。量化步长过大会降低图像哈希值的区分性，量化步长过小会使图像哈希值的鲁棒性过低。因此在对该问题进行求解时，应先建立求解最优量化步长的目标函数。

由 p-stable 分布的性质可知，对图像特征 t_p 进行 LSH 运算时获得哈希向量 l_p 可视为生成了 L 个桶，即向量中每个元素都为一个桶，$l_p=(l_{p1},\cdots,l_{pL})$。对图像特征 t_q 进行同样的哈希运算，获得的哈希向量为 l_q。若图像特征 t_p 与 t_q 具有相同的感知内容，则两者的哈希向量中有较多的元素以较大的概率落入同一个桶中，因此采用下式计算两个哈希向量之间的距离。

$$d(\boldsymbol{l}_p,\boldsymbol{l}_q) = \min_{l=1,\cdots,L} \left\| \boldsymbol{l}_{pl} - \boldsymbol{l}_{ql} \right\|_2 \qquad (3\text{-}17)$$

若 $d(\boldsymbol{l}_p,\boldsymbol{l}_q)<t$，则判定该哈希向量对应的图像感知内容相同，$t$ 为整数阈值；否则，判定给定的两幅图像感知内容不同。一个优秀的哈希函数应该满足：具有相同感知内容的图像的哈希向量之间的距离越小越好，感知内容不同的图像的哈希向量之间的距离越大越好。因此，最优量化步长的目标优化函数为

$$\arg\min_{\boldsymbol{w}} \sum_p \sum_q C_{p,q} d(\boldsymbol{l}_p,\boldsymbol{l}_q) \qquad (3\text{-}18)$$

式中，$\boldsymbol{w}=[\,w_1 \ \cdots \ w_l \ \cdots \ w_L\,]$ 是量化步长，$\boldsymbol{w}\in \mathbf{R}^{K\times L}$。

量化步长中每个元素实质上为一个标量，共有 $K\times L$ 个元素且它们相互独立，每个元素的取值对应着不同投影线上不同的量化区间，也可以视为其特征哈希向量中桶的大小或宽度。$\boldsymbol{w}$ 中元素的取值应介于 0 和 W 之间，其中 W 为式（3-2）中分子部分 "$<\boldsymbol{a},\boldsymbol{x}>$" 的最大值。对于 $\boldsymbol{w}$ 求解，可以循环计算 $K\times L$ 次分别求解其中每个元素。在寻找最优量化步长的过程中，一种较容易理解的方法是采用 Hill Climbing 算法，依次以一定的步阶观察相邻量化步长所对应目标函数的取值变化，以获得最优解。但该方法容易产生局部最优解，无法获得全局最优解。除此之外，可采用模拟退火算法实现式（3-18）的求解，该算法可以很好地避免产生目标函数的局部最优解，且实现过程简单、速度较快。

模拟退火算法是一种通过计算数学来模拟金属冶金退火过程的优化算法，目前已在组合问题最优值求解、最优路径规划等问题中得到了广泛应用。该算法中主要包含两个部分：接收条件与冷却方法。令目标函数解空间元素为 S，第 i+1 次迭代时候选解为 x'_{i+1} 且 $x'_{i+1}\in S$，目标函数取值为 $f(x'_{i+1})$，则通过比较其与前一次目标函数的取值之差 $\Delta E = f(x'_{i+1}) - f(x_i)$ 来判断是否采纳 x'_{i+1} 作为第 i+1 次迭代的解。若 $\Delta E < 0$，则 $x_{i+1} = x'_{i+1}$；否则按照以下公式计算概率：

$$p(\Delta E) = \mathrm{e}^{-\Delta E/t_{i+1}} \qquad (3\text{-}19)$$

式中，t_{i+1} 为第 $i+1$ 次迭代时温度的取值。

将 $p(\Delta E)$ 与一个在[0, 1]范围内的随机数 r 进行比较，若 $p(\Delta E) > r$，则 $x_{i+1} = x'_{i+1}$，否则 $x_{i+1} = x_i$。

冷却方法一般采用线性冷却方法，即 $t_{i+1}=\lambda t_i$，其中冷却系数 λ 的取值范围一般为[0.8, 0.99]。最大迭代次数的选择没有固定方法，通常根据目标函数值改变情况和经验来定。

对于每次迭代时候选解的生成，通常采用随机处理的方法。为方便求解式（3-18），将解空间转换成二进制数 x 表示，并规定 $x=n_1 n_2 \cdots n_i \cdots n_T$，其中 T 表示该二进制数的位数，$T = \lceil \log_2 W \rceil$。每次迭代时生成整数集合 $\{1, 2, \cdots, T\}$ 内的一个随机数 i，并使 x_i 中第 i 位 n_i 上的二进制数进行反转，即在 0 和 1 之间进行转换，以获得 x'_{i+1}。为使模拟退火速度较快，令初始解 $x_0=W_0$，其中 W_0 为训练集中式（3-2）所有分子的平均值。基于模拟退火算法的最优量化步长的求解步骤如图 3-6 所示。

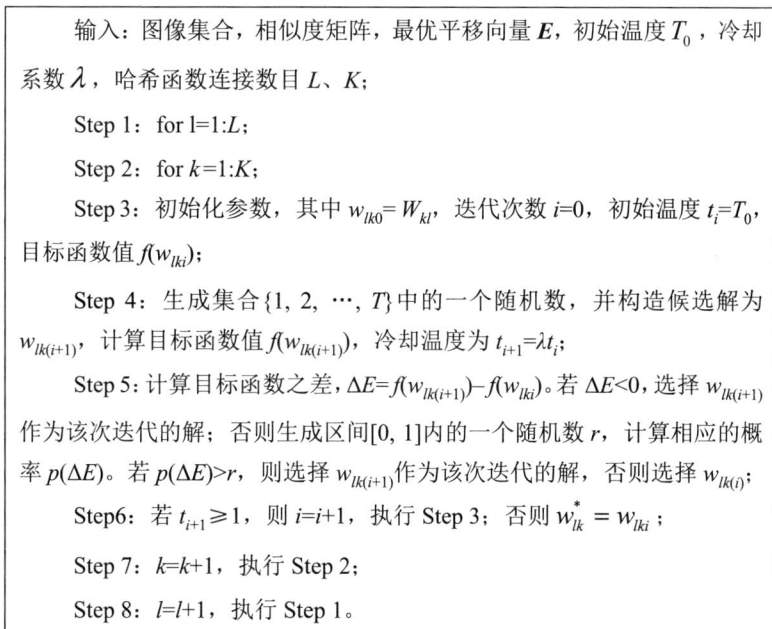

输入：图像集合，相似度矩阵，最优平移向量 $\boldsymbol{E}$，初始温度 T_0，冷却系数 λ，哈希函数连接数目 L、K；

　　Step 1：for l=1:L；

　　Step 2：for k=1:K；

　　Step 3：初始化参数，其中 $w_{lk0}= W_{kl}$，迭代次数 i=0，初始温度 $t_i=T_0$，目标函数值 $f(w_{lki})$；

　　Step 4：生成集合 $\{1, 2, \cdots, T\}$ 中的一个随机数，并构造候选解为 $w_{lk(i+1)}$，计算目标函数值 $f(w_{lk(i+1)})$，冷却温度为 $t_{i+1}=\lambda t_i$；

　　Step 5：计算目标函数之差，$\Delta E = f(w_{lk(i+1)}) - f(w_{lki})$。若 $\Delta E<0$，选择 $w_{lk(i+1)}$ 作为该次迭代的解；否则生成区间[0, 1]内的一个随机数 r，计算相应的概率 $p(\Delta E)$。若 $p(\Delta E)>r$，则选择 $w_{lk(i+1)}$ 作为该次迭代的解，否则选择 $w_{lk(i)}$；

　　Step6：若 $t_{i+1} \geq 1$，则 $i=i+1$，执行 Step 3；否则 $w_{lk}^* = w_{lki}$；

　　Step 7：k=k+1，执行 Step 2；

　　Step 8：l=l+1，执行 Step 1。

图 3-6　基于模拟退火算法的最优量化步长的求解步骤

3.4　实验仿真与结果分析

3.4.1　数据集获取与处理

本实验采用了两个著名的公开图像数据集，即 USC-SIPI 数据集和 McGill Calibrated Color 数据集。从这两个数据集中分别随机选择 250 张图像构成原始实验数据集，所选择的图像大小有 512 像素×512 像素、786 像素×576 像素和 1024 像素×1024 像素三种。将大小不等的图像尺寸归一化成固定大小 512 像素×512 像素，并且对其中的彩色图像提取亮度分量值以构成灰度图像。对每张图像进行相应的保持感知内容操作和篡改感知内容操作，以构成本实验的图像数据集。对图像采取的保持感知内容操作具体如下：

（1）1～5：对图像进行顺时针旋转，旋转角度依次为 2°、5°、10°、15° 和 20°。

（2）6～10：对图像进行尺寸缩放，缩放因子依次为 0.4、0.6、0.8、1.2 和 1.5。

（3）11～15：对图像进行平移变换，先将图像缩小至原来大小的一半，并按照原来图像的中心位置，在水平方向和垂直方向上移动图像，新的中心位置依次为(-5, 0)、(5, 0)、(0, -5)、(0, 5)和(5, 5)。

（4）16～20：对图像进行 JPEG 压缩，压缩因子依次为 5、10、15、20 和 25。

（5）21～25：对图像上的像素添加高斯噪声，高斯噪声的均值为 0，方差依次为 0.01、0.02、0.03、0.04 和 0.05。

（6）26～30：对图像上的像素添加脉冲噪声，噪声密度依次为1%、2%、4%、6%和8%。

（7）31～35：对图像进行均值滤波，滤波器大小依次为2×2、3×3、4×4、5×5和6×6。

（8）36～40：对图像进行Gamma校正，校正因子依次为0.4、0.6、0.8、0.9和1.1。

（9）41～44：对图像进行亮度减弱或增强，改变值依次为原亮度的90%、95%、110%和120%。

（10）45～49：对图像进行中值滤波，滤波器大小依次为2×2、3×3、5×5、6×6和7×7。

（11）50～55：对图像进行运动模糊处理，长度为7，角度依次为10°、20°、40°、50°、60°和80°。

对图像采取的篡改内容操作包括块覆盖、剪切复制、剪切旋转复制和块重组，具体参数设置如下。

（1）块覆盖（1～9）：采用白色块、黑色块或马赛克块分别覆盖图像，覆盖的位置随机选择，其中每种类型覆盖块的个数与大小分别为2个50像素×50像素的块、2个100像素×100像素的块、1个200像素×200像素的块。

（2）剪切复制（10～13）：将一张与被攻击图像内容完全不同的图像复制到被攻击图像上，覆盖原来位置上的内容，覆盖位置随机选择，被覆盖的大小依次为被攻击图像的20%、30%、40%和50%。

（3）剪切旋转复制（14～17）：该操作与剪切复制的区别在于，其先将被复制的图像旋转，再将旋转后的图像复制到被攻击图像上，旋转角度为顺时针10°。

（4）块重组（18～20）：将图像分为大小相同的块，并将次序重新排列，重新组合成帧图像，分块的个数依次为2、4和16。

在图像提取特征时，采用 Radon 变换获取图像对于平移、旋转、尺寸缩放鲁棒的特征，以构造所有图像的 Radon 系数特征的向量空间[30]。令图像中像素亮度信息取值为$f(x, y)$，像素在与 x 轴成 θ 角度、距离原点距离为 r 的直线上的投影为$g(r, \theta)$，则有以下关系：

$$g(r, \theta) = \iint f(x, y)\delta(r - x\cos\theta - y\sin\theta)\mathrm{d}x\mathrm{d}y \quad （3\text{-}20）$$

式中，$\delta(\cdot)$ 为脉冲函数；角度 θ 取值范围为 $0 \sim 2\pi$。

图像的 Radon 系数矩阵对平移、旋转、尺寸缩放操作具有显著的鲁棒性。对图像的平移操作会使 Radon 系数矩阵中每个列向量中的元素单独进行平移，对图像的旋转操作会使 Radon 系数矩阵中的所有列向量平移，对图像的尺寸缩放操作会使 Radon 系数矩阵中所有元素取值进行相应缩放。采用特征矩方法提取 Radon 系数矩阵中的统计参数特征[12]，令 Radon 系数矩阵的 k 阶矩特征为

$$m^k(\theta) = \frac{1}{L}\int_a^b g^k(r, \theta)\mathrm{d}r \quad （3\text{-}21）$$

式中，参数 a 和 b 分别表示 r 的最小值和最大值；$L = b - a$。k 阶矩中心特征为

$$\mu^k(\theta) = \frac{1}{L}\int_a^b (g(r, \theta) - m(\theta))^k\mathrm{d}r \quad （3\text{-}22）$$

定义特征参数为$\eta^k(\theta)$：

$$\eta^k(\theta) = m^k(\theta) / \mu^k(\theta) \quad （3\text{-}23）$$

该特征参数对于图像尺寸缩放具有鲁棒性，考虑旋转图像操作对 Radon 系数矩阵的影响在于对 Radon 系数矩阵的列向量进行平移，利用离散傅里叶变换对于平移的不变特性，对该 k 阶特征参数进行离散傅里叶变换，将

相应的模值大小作为特征值。同时，由于离散傅里叶变换系数具有对称性，因此取特征参数变化系数的二分之一作为 k 阶特征。实验中角度 θ 取值为 $0°\sim179°$、间距为 $1°$，k 取值为 $1\sim6$，并将所有阶的特征连接起来，构成最终图像的特征向量。

实验中采用真报率（True Positive Rate）R_{TP} 和假报率（False Positive Rate）R_{FP} 指标来衡量算法的性能，其中 R_{TP} 和 R_{FP} 的定义分别为

$$R_{TP}=\frac{正确认证为安全的图像总数}{认证为安全的图像总数} \tag{3-24}$$

$$R_{FP}=\frac{错误认证为不安全的图像总数}{认证为不安全的图像总数} \tag{3-25}$$

式中，认证为安全（或不安全）的图像是指通过哈希算法比较其内容时，算法认为图像内容安全、没有经过篡改（或认为图像内容不安全、经过了篡改）的图像；正确认证为安全的图像是指实际该图像是安全的且算法认证其内容安全的图像；错误认证为不安全的图像是指实际该图像是安全的，但是算法认证其内容不安全的图像，该信息为训练过程中的先验知识。R_{TP} 在一定程度上反映了哈希算法的鲁棒性，R_{FP} 则反映了哈希算法的区分性。实验中采用 ROC（Receiver Operator Characteristic）曲线来描述哈希算法在鲁棒性与区分性方面的性能，同时采用 AUC（Area Under Curve）值来研究哈希函数中算法的整体性能。

3.4.2　图像哈希算法收敛性分析

在对图像哈希算法模型中最优平移向量和最优量化步长进行求解的过程中，优化算法的性能对哈希函数参数的影响至关重要。在参数训练阶段，采用矩阵压缩存储提高算法求解的效率。假定在求解最优平移向量时粒子个数为 N，最大循环次数为 T，求解适应值所需的步骤为 F，则最优平移向量优化算法的时间复杂度为 $O(N×T×F)$，参数训练阶段不要求实时处理，因此

该算法的训练时间不会影响最终哈希算法的性能。

仿真过程中，最优平移向量搜索时适应值与位置信息模值随迭代次数的变化而变化，如图 3-7 所示。其中，图 3-7（a）所示为适应值随迭代次数变化的情况；图 3-7（b）所示为位置信息模值随迭代次数变化的情况。从图 3-7 中可以看出，随着迭代次数的增加，适应值逐渐减小，而位置信息模值在迭代次数较小时，变化较剧烈，当迭代次数大到一定数值时，逐渐稳定，此时适应值也不再进一步减小。由位置信息模值不为零可以得知，最优平移向量不为零，即原图像的特征并不太适合作为最终哈希认证比较的基准，而应通过搜索过程，寻找合适的特征中心用于哈希认证比较。

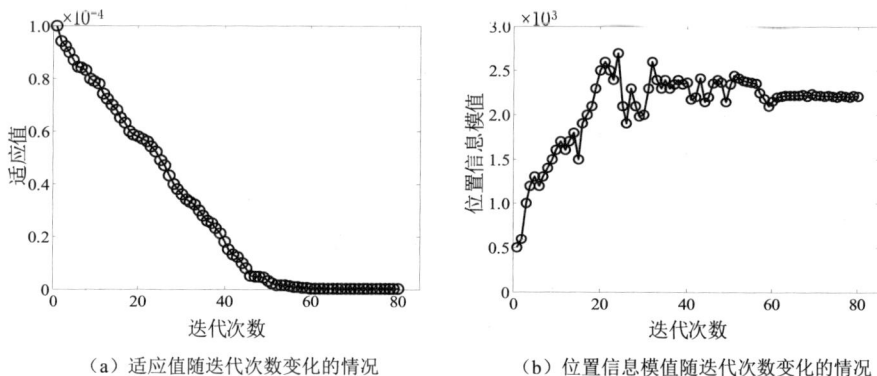

（a）适应值随迭代次数变化的情况　　　　（b）位置信息模值随迭代次数变化的情况

图 3-7　最优平移向量优化算法迭代过程

在求解最优量化步长的过程中，令求解单个量化步长标量所需的步骤数为 p，则最优量化步长优化算法的时间复杂度为 $O(K×L×p)$。量化步长标量在参数训练阶段随着迭代次数的变化而变化，如图 3-8 所示。其中，图 3-8（a）所示为目标函数值随迭代次数变化的情况；图 3-8（b）所示为某个量化步长标量随迭代次数变化的情况。从图 3-8 中可以看出，目标函数值在开始时变化较大，随着迭代次数的增加，目标函数值逐渐趋于稳定；目标函数值稳定后，量化步长标量的变化范围较小。其他量化步长标量的搜索过程也有类似的收敛特点。

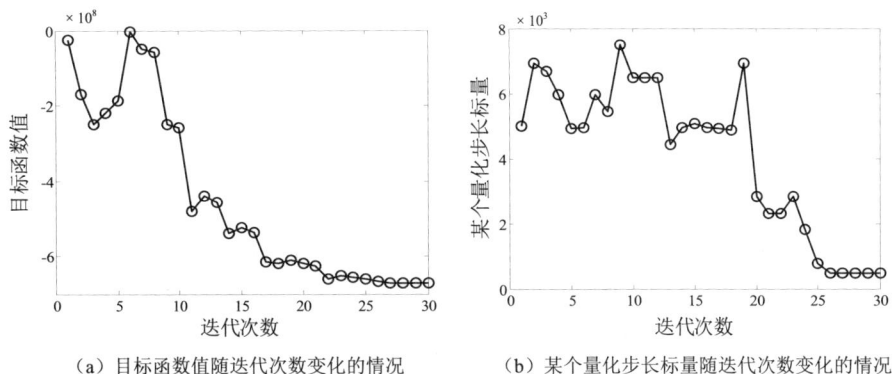

（a）目标函数值随迭代次数变化的情况　　（b）某个量化步长标量随迭代次数变化的情况

图 3-8　最优量化步长优化算法的迭代过程

3.4.3　参数敏感性分析

在哈希函数的构成过程中，有两个关于哈希连接数目的参数：K 与 L，K 决定了哈希投影桶的大小，L 决定了哈希表的长度。图 3-9 给出了参数训练过程中，在 K 与 L 取不同值的情况下，哈希函数 AUC 值的对比结果，其中 K 与 L 分别取值 1、3、5、7、9。随着参数 L 的增大，哈希函数的鲁棒性提高，即 R_{TP} 取值增大，但哈希函数的区分性却降低了，因为有更多的不同感知内容的图像特征被投影到了同一个桶中；而当 L 固定，参数 K 增大时，哈希函数的区分性也降低了，鲁棒性却得到了提高。AUC 值通过计算 ROC 曲线下面的面积获得，更大的 K 值并不意味着更大的 AUC 值，故不应取太大的 L 或 K，而应在两者之间权衡取值。

实验中发现，当 K 取值为 5、L 取值为 7 时，具有最大的 AUC 值。该参数的敏感性在其他阈值设定下也有类似的特点，故此后实验中 K 与 L 取该值以进行算法性能分析。哈希算法生成的哈希结果共有 35 个维度，每个维度采用 10 比特进行二进制数字化，因此该哈希算法最终的哈希值为 350 比特。同时，通过比较在不同阈值 t 下，K 与 L 分别取值为 5 与 7 时 AUC 值的大小，选取其中最大 AUC 值对应的阈值，以便在测试时使用。

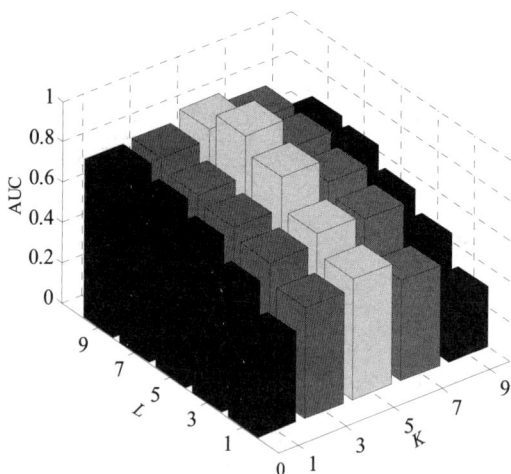

图 3-9　L 与 K 取不同值时，哈希函数的 AUC 值

3.4.4　算法性能评估

在参数训练阶段得到 LSH 函数的参数后，将对测试集中的图像进行测试。测试图像的处理与参数训练阶段对图像的操作类似，分别进行预处理、特征提取、鲁棒操作和篡改操作。此处分析在有/无中心校准情况下，哈希算法在鲁棒性和区分性方面的性能。

图 3-10 所示为 LSH 函数在有/无中心校准情况下的 ROC 曲线的对比情况，其中横坐标表示 R_{FP}，纵坐标表示 R_{TP}。从图 3-10 中可以看出，有中心校准的 LSH 函数的 ROC 曲线较高，当 R_{FP} 增大到约 0.06 时，R_{TP} 已达到最大值；而对于无中心校准的 LSH 函数，当 R_{FP} 增大到约 0.24 时，R_{TP} 才趋于 1。基于中心校准的 LSH 函数在 ROC 曲线上性能的提高，主要是由于通过参数训练获得了区分性、鲁棒性方面的最优权衡，即通过对原图像的特征进行中心平移，得到了能够在认证图像内容完整性方面最优的新特征，因此测试图像的特征中将有更多的特征能够被正确地划分到安全或不安全的判断集合中，从而提高算法的有效性。

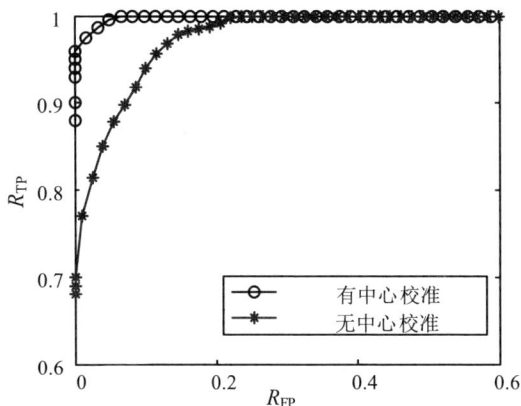

图 3-10 LSH 函数在有/无中心校准情况下的 ROC 曲线的对比情况

3.4.5 算法性能比较

在算法的性能比较方面，虽然目前有许多哈希算法可供对比，但考虑到应用背景的要求，选取了主要用于图像内容完整性认证方面的哈希算法，进行鲁棒性与区分性的比较。由于实验中采用的算法基于图像集进行训练，所以选择了基于机器学习的图像哈希算法进行比较。实验中选取了基于 LLE[5]（LLE-based）、基于 Radon 特征变换[12]（Radon-based）和基于 LSH 的语义相似度[27]（SS-based）的图像哈希算法进行比较。

由于本章提出的哈希算法在特征选取上是基于 Radon 变换的，故选择了 Radon-based 图像哈希算法。在 Radon-based 图像哈希算法中，利用 Radon 变换系数矩阵的 3 阶矩统计特征，将离散傅里叶变换的系数中的前 15 个数作为特征，并且量化为 10 比特，哈希长度为 150 比特。LLE-based 图像哈希算法对每张图像单独进行机器学习，该算法首先将原图像交叠式分块，获得每个块的亮度特征向量，对每个块特征选择该图像中的 K 个邻居，并通过学习获得由 K 个邻居线性重构该块特征的权重，将高维的亮度特征向量投影为低维空间中的映射向量，且映射向量满足先前权重条件下的线性关系，最后量化映射向量的方差以构成哈希向量。LLE-based 图像哈希算法用于训练集，目的在于获得最优的阈值参数，其中分块数为 50、邻居数为 30、量化步长为 11 比特，故 LLE-based 图像哈希算法最终生成的哈希值为 550 比特。SS-based 图像哈希算法也基于 LSH 函数，与本章提出的哈希算法的不同之处在于，SS-based 图像哈希算法主要用于图像的检索，首先需要对训练集中每张图像生成相应的哈希向量，而哈希函数由分类器构成，测试集中图像的哈希值由分类器生成。由于 SS-based 图像哈希算法中也生成哈希函数且与本章提出的哈希算法都是基于 LSH 函数的，故选择该算法以进行性能对比。

图 3-11 展示了各哈希算法 ROC 曲线对比。从图 3-11 中可以得知，本章提出的哈希算法 ROC 曲线在横坐标轴 R_{FP} 与纵坐标轴 R_{TP} 范围内最高，具有最好的鲁棒性与区分性。当 R_{FP} 取值固定时，本章提出的哈希算法的 R_{TP} 取值大于其他三种哈希算法，即在相同区分性情况下，本章提出的哈希算法具有最高的鲁棒性；同样，当 R_{TP} 取值固定时，本章提出的哈希算法的 R_{FP} 取值小于其他三种哈希算法，即在相同鲁棒性情况下，本章提出的哈希算法具有最高的区分性。

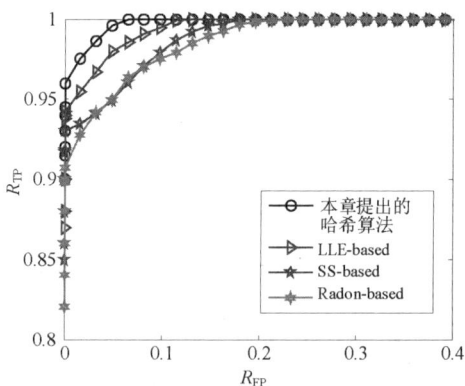

图 3-11　各哈希算法 ROC 曲线对比

由于本章提出的哈希算法主要用于对图像内容完整性的认证，因此需进一步分析在不同攻击行为下，几种不同哈希算法的假报率 R_{FP} 取值情况。如图 3-12 所示，横坐标表示攻击行为编号，纵坐标为 R_{FP} 值。攻击行为编号 1～3 表示对图像覆盖白色块，大小、类型与前文介绍的一致，攻击行为编号 4～

6、7～9 分别表示对图像覆盖黑色块和马赛克块，攻击行为编号 10～20 分别表示剪切复制、剪切旋转复制、块重组，具体内容与前文介绍的一致。从图 3-12 中可以看出，对于某种特定的攻击行为，随着攻击强度的增大，哈希算法对图像篡改行为的检测能力增强，即 R_{FP} 值逐渐减小；对于图像块重组攻击，所有哈希算法都能完全检测，因为此时图像的感知内容已被完全修改，篡改后的图像特征与原图像特征之间的差别足够大。但其他攻击行为下，假报率的差异较大。总的来说，本章提出的哈希算法具有较高的区分性，能够以最小的 R_{FP} 实现对图像信息的认证。

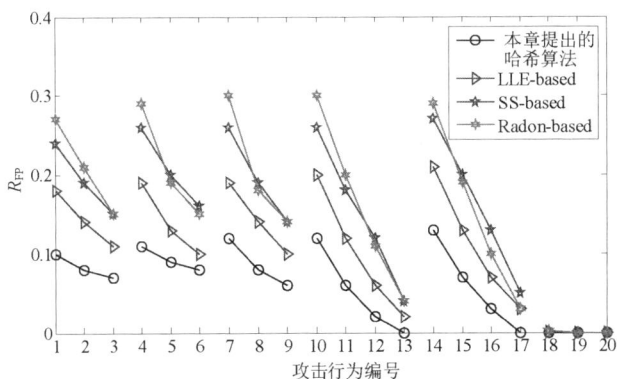

图 3-12　各种攻击行为下的哈希算法假报率对比

参考文献

[1] XIANG S, KIM H J, HUANG J. Histogram-based image hashing scheme robust against geometric deformations[C]//Proceedings of Multimedia and Security Workshop, ACM, 2007: 121-128.

[2] VADLAMUDI L N, VADDELLA R P V, DEVARA V. Robust hash generation technique for content-based image authentication using histogram[J]. Multimedia Tools and Application, 2016, 75 (11): 6585-6604.

[3] ZHAO Y, WANG S, ZHANG X. Robust hashing for image authentication

using Zernike moments and local features[J]. IEEE Transactions on Information Forensics and Security, 2013, 8 (1): 55-63.

[4] CHEN Y, YU W, FENG J. Robust image hashing using invariants of Tchebichef moments[J]. Optik-International Journal for Light and Electron Optics, 2014, 125 (19): 5582-5587.

[5] TANG Z, YANG F, HUANG L. Robust image hashing with dominant DCT coefficients[J]. Optik-International Journal for Light and Electron Optics, 2014, 125 (18): 5102-5107.

[6] SWAMINATHAN A, MAO Y, WU M. Robust and secure image hashing[J]. IEEE Transactions on Information Forensics and Security, 2006, 1 (2): 215-230.

[7] SUN R, ZENG W. Secure and robust image hashing via compressive sensing[J]. Multimedia Tools and Application, 2014, 70 (3): 1651-1665.

[8] LI Y, LU Z, ZHU C. Robust image hashing based on random Gabor filtering and dithered lattice vector quantization[J]. IEEE Transactions on Image Processing, 2012, 21 (4): 1963-1980.

[9] QIN C, CHANG C C, TSOU P L. Robust image hashing using non-uniform sampling in discrete Fourier domain[J]. Digital Signal Processing, 2013, 23 (2): 578-585.

[10] SEO J S, HAITSMA J, KALKER T. A robust image fingerprinting system using the Radon transform[J]. Signal Processing: Image Communication, 2004, 19 (4): 325-339.

[11] OU Y, RHEE K H. A key dependent secure image hashing scheme by radon transform[C]//International Symposium on Intellegent Signal Processing and Communication Systems, IEEE, 2009: 595-598.

[12] LEI Y, WANG Y, HUANG J. Robust image hash in Radon transform domain for authentication[J]. Signal Processing: Image Communication, 2011, 26 (6): 280-288.

[13] LV X, WANG Z J. Perceptual image hashing based on shape contexts and local feature points[J]. IEEE Transactions on Information Forensics and Security, 2012, 7 (3): 1081-1093.

[14] SETYAWAN I, TIMOTIUS I K. Digital image hashing using local histogram of Oriented Gradients[C]//The 6th International Conference on Information Technology and Electrical Engineering, IEEE, 2014: 1-4.

[15] TANG Z, HUANG L, ZHANG X. Robust image hashing based on color vector angle and canny operator[J]. International Journal of Electronics and Communications, 2016, 70 (6): 833-841.

[16] YAN C P, PUN C M, YUAN X C. Multi-scale image hashing using adaptive local feature extraction for robust tampering detection[J]. Signal Processing, 2016, 121: 1-16.

[17] QIN C, CHEN X, YE D, et al. A novel image hashing scheme with perceptual robustness using block truncation coding[J]. Information Sciences, 2016, 361: 84-99.

[18] MONGA V, MIHCAK M K. Robust and secure image hashing via non-negtive factorizations[J]. IEEE Transactions on Information Forensics and Security, 2007, 2 (3): 376-390.

[19] TANG Z J, WANG S Z, ZHANG X P. Robust image hashing for tamper dectection using non-negative matirx factorization[J]. Journal of Ubiquitous Convergence and Technology, 2008, 2 (3): 18-26.

[20] TANG Z, ZHANG X, ZHANG S. Robust Perceptual Image Hashing Based on Ring Partition and NMF[J]. IEEE Transactions on Knowledge and Data Engineering, 2014, 26 (3): 711-724.

[21] XIANG S, YANG J. Block-based image hashing with restricted blocking strategy for rotational robustness[J]. EURASIP Journal on Advances in Signal Processing, 2012, 2012 (77): 1-13.

[22] 欧阳遄飞, 张寅, 张啸. 结构化稀疏谱哈希索引[J]. 计算机辅助设计与图形学学报, 2012, 24 (1): 60-67.

[23] TANG Z, RUAN L, QIN C. Robust image hashing with embedding vector variance of LLE[J]. Digital Signal Processing, 2015, 43: 17-27.

[24] MA Q, XU L, XING L, et al. Robust image authentication via locality sensitive hashing with core alignment[J]. Multimedia Tools and Application, 2018, 77(6): 7131-7152.

[25] LI Y. Image copy-move forgery detection based on polar cosine transform and approximate nearest neighbor searching[J]. Forensic Science International, 2013, 224 (1/3): 59-67.

[26] WANG J, KUMAR S, CHANG S F. Semi-supervised hashing for scalable image retrieval[C]//IEEE Conference on Computer Vision and Pattern Recognition, IEEE, 2010: 3424-3431.

[27] BAI X, YANG H, ZHOU J. Data-dependent hashing based on p-stable distribution[J]. IEEE Transactions on Image Processing, 2014, 23 (12): 5033-5046.

[28] ZHANG W, JI J, ZHU J. BitHash: An efficient bitwise Locality Sensitive Hashing method with applications[J]. Knowledge-Based Systems, 2016, 97 (7): 40-47.

[29] ZHANG Y, LU H, ZHANG L. Video anomaly detection based on locality sensitive hashing filters[J]. Pattern Recognition, 2016, 59: 302-311.

[30] BRENDEN C, VINOD C. Robust image hashing using higher order spectral features[C]//2010 Digital Image Computing: Techniqiues and Applications, 2010: 100-104.

第4章 具有最大鲁棒性的视频哈希认证技术

　　针对网络视频信息的认证，本章从视频帧序列、帧图像的角度研究视频底层语义的区分性。与视频流的可信认证技术不同，网络视频信息认证不涉及视频流数据包层面的可信认证，而是通过提取视频在时空域上的特征，生成有效的视频哈希值。与图像哈希认证技术一样，网络视频信息的认证仍然需要充分考虑网络传输的特性，即接收端获得的视频内容，在完整性方面需要允许对视频保持感知内容操作的鲁棒性。但如何定义鲁棒性的大小，如何有效地权衡视频哈希值的鲁棒性和区分性，是网络视频哈希认证技术的关键。

　　本章提出了一种具有最大鲁棒性的视频哈希认证技术，在满足视频哈希值安全性要求的条件下，最大化视频哈希值的鲁棒性。通过建立最大鲁棒性数学模型，将特征偏移量和最大化的鲁棒性分别作为优化变量和目标函数，并且采用鱼群随机搜索方法对目标参数进行求解。采用公开的视频数据集对模型进行验证，该视频哈希认证技术具有较高的区分性和鲁棒性，在同等区分性条件下能够提供最大的鲁棒性。

4.1 视频哈希认证技术分析

4.1.1 视频哈希认证的过程

　　互联网中存在的数据包丢弃现象对在互联网中传输的视频的可信认证

提出了鲁棒性要求。传统的数据加密技术不能直接应用于互联网中视频数据的可信认证。虽然视频加密在保证视频的机密性，即视频内容不被非法用户播放或观看方面具有一定的优势，但其对互联网中传输的视频内容的安全保护存在着以下几个问题。

第一，互联网基础结构以提供"尽力而为"的服务为前提，网络中传输的视频数据包存在丢包现象，若采用视频加密方式保证其安全性，则会使合法用户无法正确地对接收到的视频内容进行解码。

第二，视频加密后的区分性与视频压缩比之间存在相互矛盾的关系，即在提高区分性的同时需要增加大量视频的比特率，降低了视频压缩比，不利于数字视频在网络中的高效传输，在网络带宽受限或网络中出现拥塞现象时尤甚。

第三，视频加密只能保证非法用户无法获取视频内容的全部有效信息，并不能有效地监管合法用户对接收到的视频进行再次分发，即视频加密操作只能保证视频内容传输过程中的安全，对视频内容的版权保护或接收端对视频内容的可信度判断则无能为力。

采用具有鲁棒性的视频哈希认证技术可实现对视频底层信息的完整性认证。视频哈希认证技术通常采用较短长度的比特序列来表示视频的感知内容，需要具有鲁棒性、区分性特点。视频哈希值的鲁棒性和区分性采用以下公式进行说明：

$$\text{pr}(\|H(V) - H(V_{\text{sim}})\| < \tau) > 1 - \theta_1, \ 0 < \theta_1 < 1 \qquad (4\text{-}1)$$

式中，原视频用 V 表示；视频经过保持感知内容操作后变成 V_{sim}；$H(\ )$表示鲁棒操作后生成的哈希值；参数 τ 与 θ_1 为阈值。该公式表示原视频的哈希值 $H(V)$ 和经过保持感知内容操作后视频的哈希值 $H(V_{\text{sim}})$ 应该非常接近。

$$\text{pr}(\|H(V) - H(V_{\text{dif}})\| \geq \tau) > 1 - \theta_2, \ 0 < \theta_2 < 1 \qquad (4\text{-}2)$$

式中，经过修改其感知内容操作后的视频用 V_{dif} 表示；其哈希值用 $H(V_{dif})$ 表示；θ_2 为阈值。式（4-2）表示原视频 V 和修改感知内容后视频 V_{dif} 的哈希值差别应该很大，能够通过哈希值比较判断 V_{dif} 与 V 具有不同的感知内容。

采用具有鲁棒性的视频哈希认证技术实现视频信息可信认证的过程如图 4-1 所示。原视频 V 在信源端首先经过预处理，包括帧、段预处理。由于视频内容相对于图像而言，除了空域特性，还具有时域特性，因此在提取视频内容特征时，通常也将视频帧间的时域特性作为哈希值生成的依据。视频的时空域特征经过分析、提取并降维处理后，通过哈希算法生成特定长度的鲁棒哈希值 H。原视频内容通常采用互联网开放的信道进行传输，安全性较低。由于原视频的哈希值需要用作视频信息可信认证的比对基准，因此需要采用安全信道进行传输，如采用加密技术、PKI 技术将原视频的哈希值安全地传输至接收端。接收端获得视频 V' 后，采用与发送端同样的方法提取视频的哈希值，获得的哈希值用 H' 表示。接收端通过计算 H 与 H' 的差异，并与设定的阈值进行比较，从而判断获得的视频 V' 的内容是否可信。

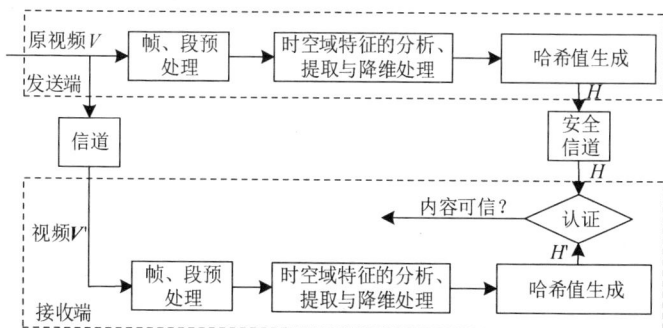

图 4-1　采用具有鲁棒性的视频哈希认证技术实现视频信息可信认证的过程

4.1.2　视频哈希认证技术的特点

视频内容可以看作图像在时间域上的序列，因此可以将图像哈希算法直接扩展到视频帧图像序列，从而提取视频的哈希值；视频内容不仅仅具有空域上帧图像的特性，还具有时域上的特性，因此提取视频时空特性的哈希值也是研究视频哈希值的方法。视频哈希值生成的流程如图 4-2 所示。

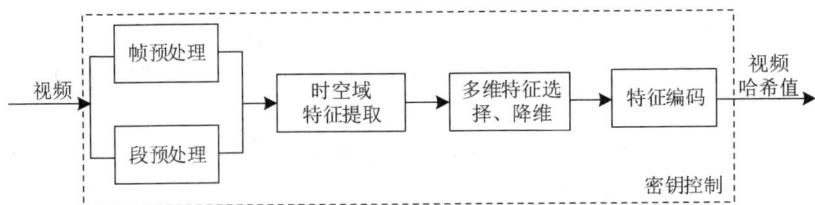

图 4-2 视频哈希值生成的流程

与图像哈希值的提取过程类似，视频哈希值的提取过程也包含预处理、特征提取、降维处理和特征编码。预处理旨在对视频进行归一化操作，如对视频进行分段、提取段内关键帧，对视频帧的尺寸进行预处理等；特征提取包括时空域特征分析与理解；降维处理是指通过降维方法获得更加紧凑的多维特征表示；特征编码用于生成视频哈希值。

视频哈希值的特点与图像哈希值的特点类似，需要具有鲁棒性、区分性和安全性的特点。视频哈希技术大致上可以分为基于空域的视频哈希技术和基于时空域的视频哈希技术。

（1）基于空域的视频哈希技术。

此类视频哈希技术的特点在于通过采样方法提取视频帧序列中的一些代表帧，或寻找帧分组内的关键帧，用对代表帧或关键帧的分析来替代对整个视频帧序列的分析。对于代表帧或关键帧的哈希值，可以利用图像哈希算法来获得，将依次获得的各个代表帧或关键帧的哈希值组合起来，以构成整个视频的鲁棒哈希值。

Roover 等人提出了基于视频关键帧的"Radial 投影+DCT"的视频哈希方法[1]，图像的 Radial 投影是指获取所有经过图像中心、不同角度的投影线上的投影像素亮度值的方差，并基于 DCT 变换系数中的主要能量构成关键帧的哈希值。

Lee 等人采用基于"梯度方向重心法"的视频哈希值表示方法[2]，对代表帧进行分块，分别计算块中所有像素的梯度方向及该块的重心，将该重心视为计算哈希值时使用的特征。此方法的特点是视频哈希值对于图像全局亮度/对比度的改变、有损压缩具有较大的鲁棒性，但对于几何操作（如图像旋转等）的鲁棒性较小。

在视频哈希技术中，也有一些基于帧图像底层特征或统计特征的哈希算法。Yang 等人提出了基于"SURF（Speed Up Robust Feature）"的视频哈希技术[3]，用于视频的复制检测。SURF 是一种获取帧图像局部特征点的方法。该技术通过计算代表帧各个块中特征点的个数，并基于 Hilbert 曲线对曲线上相邻两个块中的特征点进行比较，以构成帧图像的具有有序特征的哈希值。该技术的特点是不同视频相互比较时的区分性较好，但在某帧图像丢失的情况下，哈希值的鲁棒性较差。Xiang 等人提出了基于"亮度直方图均值"的视频哈希技术[4]，该技术通过计算每帧图像亮度直方图，并选择其均值附近的区间重构新的直方图，来构成计算哈希值的特征，主要用于抵抗几何攻击行为。

（2）基于时空域的视频哈希技术。

此类视频哈希技术通常对原视频进行采样、预处理，将帧在时空域上的信息综合起来进行考虑，对三维视频数据进行整体特征提取，如采用三维离散余弦变换（3D-DCT）、3D-DWT 频域变换等。

作为视频哈希技术中基于三维变换域的开创性工作，Coskun 等人提出了对视频进行 3D-DCT 的视频哈希方法[5]。该方法对经归一化处理后的视频数据进行 3D-DCT，选择离直流分量较近的变换系数构成视频特征。此视频哈希方法对亮度改变、噪声影响等具有较大的鲁棒性，但区分性不好，若将其用于视频内容的完整性认证，其认证效果不够理想。此后，出现了一些对 3D-DCT 进行改进的视频哈希技术，如基于 3D-DWT 的视频哈希方法[6]，其基本思路与 Coskun 等人的研究工作类似。

在代表帧的构造上，Malekesmaeili 等人提出了基于"时域信息代表图像（Temporally Informative Representative Images，TIRI）"的视频哈希方法[7-8]，该方法的创新之处在于将一组帧序列信息有效地融合在一帧代表图像中。通过 TIRI 方法融合后的代表帧，每个像素的值实际上是该组内许多帧图像对应位置上的像素值的线性组合。

TIRI 方法与 3D-DCT 方法相比，计算复杂度较低，且仍能捕获视频时域上的语义信息，在后续的许多研究中得到了广泛应用。例如，Sun 等人提出的"TIRI+感兴趣区域"的视频哈希方法[9]，分别对视频段的 TIRI 有序特征和感兴趣区域的有序特征进行提取，并结合起来构成整段视频的哈希值；Liu 等人提出在建立代表图像时，利用视觉注意区域在时域上的变化生成代表图像中各个帧图像的权值，这在一定程度上提高了视频哈希值的鲁棒性[10]。

在矩阵分解方法方面，Li 等人提出了基于"张量分解"的视频哈希方法[11]。该方法生成多个相交的视频子立方体，每个子立方体数据表示一小部分视频数据，分别对其进行张量分解。该方法的优点在于所生成的视频哈希值具有较大的鲁棒性，缺点在于需要预先确定帧分组的大小，且若将其用于对视频内容的完整性进行认证，则对篡改操作的区分性需进一步提高。

与基于"张量分解"的视频哈希方法类似，Sandeep 等人提出了基于"Tucker 分解"的视频哈希方法[12]，该方法采用三维视频子立方体进行三维 Tucker 分解，可以将其视为对张量分解方法的一种扩展，其鲁棒性和区分性有所提高。

随后，Li 等人又提出了一种基于"结构图模型"的视频哈希方法[13]，主要用于视频检索，其特点是可以生成长度较短的视频哈希值。该视频哈希方法的创新之处在于通过图分割理论实现视频帧内容聚类，可以生成更加紧凑的视频哈希值，但聚类个数 K 需预先指定，且对于某些视频内容操作（如旋转等）的鲁棒性不足。

通过以上对视频哈希技术的分析可以看出，视频哈希技术在对互联网上传输的视频内容完整性进行认证方面具有较明显的优势。在视频哈希技术中，一个重要的问题是如何寻找鲁棒性与区分性之间的有效权衡。如图 4-3 所示，当利用视频哈希技术对视频内容的完整性进行认证时，需要对篡改操作具有较高的区分性；而对于视频检索，则需要较大的鲁棒性，以便能够发现更多相似的视频内容。因此，互联网视频的可信认证技术需要充分考虑视频哈希值的区分性，在满足视频可信认证具有足够区分性的前提下，实现具有最大可能的视频哈希值鲁棒性。

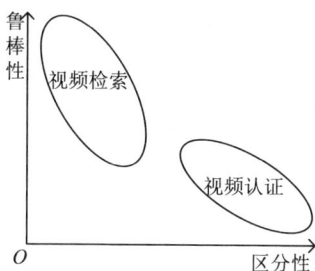

图 4-3　视频哈希技术应用背景对鲁棒性与区分性的要求

通过研究分析鲁棒性与区分性之间的权衡阈值，本章提出采用具有最大鲁棒性的视频哈希认证技术，研究一种有效的网络视频哈希技术，用于视频信息的可信认证。当视频哈希值应用于信息可信认证时，需要尽可能检测出与原视频 V 感知内容不同的视频 V_{dif}，但也需要为与原视频感知内容相同的视频 V_{sim} 提供一定的鲁棒。考虑到视频哈希值的区分性，在满足视频 V_{dif} 能够完全被识别的情况下，寻找最大可能的鲁棒性。通过在原视频 V 的特征向量上添加最优特征偏移量，将经过特征偏移后的新特征作为原视频 V 的认证判定中心，并在满足区分性的条件下，寻找最大的鲁棒性，以适应互联网传输的特点。

在本章提出的具有最大鲁棒性的视频哈希认证技术中，视频哈希值的生成流程如图 4-4 所示。在训练阶段，先通过对视频集中的视频进行帧、段预处理，构造原视频、经过保持感知内容操作后的视频及经过修改感知内容操作后的视频的特征空间，再通过最大鲁棒性模型，获得最优特征偏移量；在视频哈希值生成阶段，对视频进行帧、段处理及特征提取后，将该视频的特征与训练阶段获得的最优特征偏移量同时输入哈希函数，以获得视频哈希值。

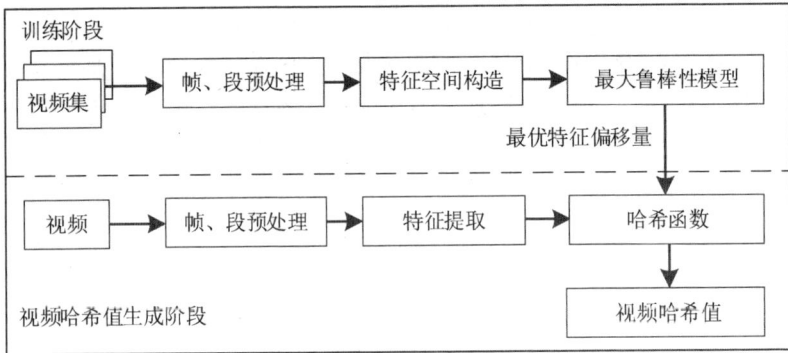

图 4-4　视频哈希值的生成流程

4.2　最大鲁棒性模型描述

视频哈希技术所处理的视频对象为原始帧图像构成的序列，即该视频没有经过视频压缩、编码操作，视频内容是帧图像在时域上构成的序列。若输入的是编码后的视频，则采用格式转化方法将其变换成原视频样式，以提高视频哈希算法应用的广泛性。与图像哈希模型类似，视频哈希模型通过分析视频帧的亮度信息来提取视频的特征。对视频帧序列分别在空域、时域进行下采样或插值，将帧图像转换成标准图像，将视频帧速率转换成固定大小的帧速率。对采样后的视频，基于相邻帧亮度改变差值，将其划分成时域内容不同的帧分组，每个帧分组对应于一个场景。预处理过程中的操作能够有效地提高视频哈希算法在视频格式变换、比例缩放、码率变换方面的鲁棒性。

令预处理后的视频为 $\mathcal{V}$，$\mathcal{V}=\{V_1,\cdots,V_i,\cdots,V_K\}$，共 K 个帧分组。其中，V_i 表

示第 i 个帧分组，V_i 包含的视频帧序列为 $\{f_{i1}, \cdots, f_{ik}, \cdots, f_{il}\}$；$l$ 表示 V_i 中的帧图像数量。为方便计算帧分组的哈希值，采用 TIRI 来表示每个帧分组中的所有图像信息，利用帧分组中图像像素的线性组合来生成 TIRI，即

$$T_i(p,q) = \sum_{k=1}^{l} w_k f_{ik}(p,q) \qquad (4\text{-}3)$$

式中，$T_i(p,q)$ 表示第 i 个帧分组的 TIRI 中位置 (p,q) 上的像素取值，$1 \leqslant p \leqslant P$，$1 \leqslant q \leqslant Q$，$P$ 和 Q 分别为帧图像的宽度值和高度值；$f_{ik}(p,q)$ 表示第 i 个帧分组中第 k 帧图像位置 (p,q) 上的像素值，$1 \leqslant k \leqslant l$；参数 w_k 为权值系数，实验中 w_k 取 γ^k。一般 γ 取值为 0.6 时所获得的 TIRI 对帧分组具有较好的代表性。

经过归一化处理后，视频数据集由 K 帧 TIRI 构成。对于每个帧图像，提取其特征并记为 φ，原始特征集合记为 Φ^O，$\Phi^O = \{\varphi_1^O, \cdots, \varphi_i^O, \cdots, \varphi_n^O\}$。对每个视频分别施加保持感知内容和修改感知内容的操作，并且让各自的操作数目相等，所获得的帧图像特征集合分别为 Φ^A 与 Φ^D，$\Phi^A = \{\varphi_1^A, \cdots, \varphi_i^A, \cdots, \varphi_n^A\}$，$\Phi^D = \{\varphi_1^D, \cdots, \varphi_i^D, \cdots, \varphi_n^D\}$。在训练阶段特征空间集合为 $\{\Phi^O \bigcup \Phi^A \bigcup \Phi^D\}$。

最大鲁棒性模型中的目标函数为

$$\max \quad \sigma \qquad (4\text{-}4)$$

式中，σ 表示视频哈希值的鲁棒性大小，该目标函数需要满足约束条件：

$$\left\| \varphi - (\varphi_i^O + \lambda) \right\| > \sigma \qquad (4\text{-}5)$$

式中，$\sigma > 0$；$1 \leqslant i \leqslant N$；$\forall \varphi \in \varphi_i^D$；$\lambda$ 表示用于视频哈希值生成的原视频特征偏移量。参数 λ 与 σ 共同定义了一个新的特征空间，包含了所允许的保持感知内容操作的视频的特征。最大鲁棒性模型要求所有经过修改感知内容操作后视频特征与所比较的特征之间的距离 $\left\| \varphi - (\varphi_i^O + \lambda) \right\| > \sigma$，以便在进行视频安全性判断时能够区分出这些特征。特征之间的距离定义为特征中心与

经过偏移后的特征中心之间的范式距离。因此，通过比较特征之间的距离可以检测出感知内容失真的视频。

在最大鲁棒性模型中，并没有包括经过保持感知内容操作的视频特征与经过偏移 λ 后特征之间的距离，即

$$\left\| \boldsymbol{\varphi} - (\boldsymbol{\varphi}_i^O + \boldsymbol{\lambda}) \right\| > \sigma \quad \exists \boldsymbol{\varphi} \in \boldsymbol{\varphi}_i^A \tag{4-6}$$

$$\left\| \boldsymbol{\varphi} - (\boldsymbol{\varphi}_i^O + \boldsymbol{\lambda}) \right\| \leq \sigma \quad \exists \boldsymbol{\varphi} \in \boldsymbol{\varphi}_i^A \tag{4-7}$$

式（4-6）说明对于属于空间 $\boldsymbol{\varPhi}^A$ 中的某些特征，其到经过偏移 λ 后特征的距离大于鲁棒特征值。即虽然该类特征属于经过保持感知内容操作后的视频集，但在认证视频内容是否被恶意修改时，这类特征仍然被认为是不安全的，其对应的视频与原视频不具有相同的感知内容，因为在模型中，区分性被新的边界所强化，这种情况称为不可获得的鲁棒性。

相反地，式（4-7）说明对于空间 $\boldsymbol{\varPhi}^A$ 中的特征，其仍然属于模型所允许操作的特征空间，这种情况称为可获得的鲁棒性。

因此可以看出，本节提出的最大鲁棒性模型在鲁棒性与区分性之间更加强调区分性，在进行视频内容的安全认证时具有更大的优势。

4.3 最大鲁棒性模型的优化求解

在最大鲁棒性模型中，需要确定的参数包括 λ 与 σ，其中 σ 同时出现在目标函数和约束条件中，而 λ 仅出现在约束条件中。针对有约束条件的优化问题，传统的求解方法（如梯度下降法）并不适合该问题模型的求解。考虑到最优特征偏移量取决于原视频所允许的、具有不同强度的操作对特征带来的影响，在某种程度上，最优特征偏移量可被视为多种噪声在原始特征上作用的综合结果，即一种噪声代表一种对视频的操作，因此可采用随机优化方

法对问题进行求解。考虑到优化模型的特点，本节采用鱼群搜索方法进行目标函数优化[14-15]。该搜索方法模拟鱼群的觅食行为，通过对种群行为的类比来寻找最佳参数。

在模型优化求解的具体执行过程中，通过个体和集体两种方式对鱼群进行喂食，鱼群根据适应度函数的正梯度方向进行游动，从而向最佳位置靠近。在实际优化求解过程中，需要对两个参数进行优化，因此设置两类鱼群，且这两类鱼群通过式（4-5）进行关联。针对参数 λ 与 σ，分别定义特征偏移量鱼群 $\{\lambda_j\}$ 和鲁棒性鱼群 $\{\sigma_j\}$，$1 \leq j \leq M$，M 表示鱼群中鱼的条数，λ_j 与 σ_j 分别表示对应鱼群中的第 j 条鱼。在每次迭代时，鱼群中的每条鱼，即可能的参数解首先按照以下方式进行游动：

$$\lambda_j(t+1) = \lambda_j(t) + \mathrm{rand}(-1,1) \times \mathrm{step}_{\mathrm{ind1}} \tag{4-8}$$

$$\sigma_j(t+1) = \sigma_j(t) + \mathrm{rand}(-1,1) \times \mathrm{step}_{\mathrm{ind2}} \tag{4-9}$$

式中，$\mathrm{rand}(-1,1)$ 表示生成 $(-1,1)$ 之间的随机数；参数 $\mathrm{step}_{\mathrm{ind1}}$ 与 $\mathrm{step}_{\mathrm{ind2}}$ 用来控制游动的位移量；t 表示迭代次数。鱼群游动是否有效，需要检验第 1 个约束条件是否被满足，即若满足第 1 个约束条件，则更新鱼群的当前位置，否则保持上次迭代的位置。

当对鱼群进行个体信息的位置更新后，对鱼群进行基于集体信息的位置更新。每条鱼通过一个平均移动值 I_1 进行位置更新，I_1 的计算公式为

$$I_1 = \frac{\sum_{j=1}^{M} \Delta\sigma_j \Delta\sigma_j^{\circ}}{\sum_{j=1}^{M} \Delta\sigma_j^{\circ}} \tag{4-10}$$

式中，$\Delta\sigma_j^{\circ}$ 表示已获得的适应度函数增加值，$\Delta\sigma_j^{\circ} = \left| \sigma_j(t) - \sigma_j(t-1) \right|$；$\Delta\sigma_j$ 表示相对于第 j 条鱼的位置偏移值，$\Delta\sigma_j = \sigma_j(t) - \sigma_j(t-1)$。因此，每条鱼的位置更新为

$$\sigma_j(t+1) = \sigma_j(t) + I_1 \qquad (4\text{-}11)$$

类似地，对于特征偏移量鱼群的游动，定义相应的平均移动值 I_2，I_2 的计算公式为

$$I_2 = \frac{\sum_{j=1}^{M} \Delta\lambda_j \Delta\sigma_j^{\circ}}{\sum_{j=1}^{M} \Delta\sigma_j^{\circ}} \qquad (4\text{-}12)$$

其中每条鱼 λ_j 的位置更新为

$$\lambda_j(t+1) = \lambda_j(t) + I_2 \qquad (4\text{-}13)$$

对于鱼群基于集体信息的游动，首先计算鱼群当前位置的重心：

$$B_1 = \frac{\sum_{j=1}^{M} \sigma_j(t) w_j(t)}{\sum_{j=1}^{M} w_j(t)} \qquad (4\text{-}14)$$

式中，B_1 表示鱼群当前位置的重心；$w_j(t)$ 表示对第 j 条鱼的喂食权重，其计算公式为

$$w_j(t+1) = w_j(t) + \frac{\Delta\sigma_j^{\circ}}{\max(\sigma_j)} \qquad (4\text{-}15)$$

式中，$\max(\sigma_j)$ 表示在 j 的所有取值情况下，适应度函数变化的最大值。喂食权重的变化范围为 1 到 W_{scale}，初始值均设置为 W_{scale}。若鱼群的喂食权重相较于上一次迭代有所提高，则该鱼群中的每条鱼均向重心方向按照下式进行游动：

$$\sigma_j(t+1) = \sigma_j(t) - \text{step}_{\text{voll}}\,\text{rand}(0,1)\left|\sigma_j(t) - B_1\right| \qquad (4\text{-}16)$$

式中，$\text{step}_{\text{voll}}$ 为集体位置控制参数，用来控制移动步长。

否则，鱼群远离上一次的重心，即按照下式进行游动：

$$\sigma_j(t+1) = \sigma_j(t) + \text{step}_{\text{vol2}}\text{rand}(0,1)\left|\sigma_j(t) - B_1\right| \tag{4-17}$$

式中，$\text{step}_{\text{vol2}}$ 为集体位置控制参数，用来控制移动步长。

采用类似的方法，可以计算特征偏移量鱼群的重心及该鱼群每次迭代基于集体信息的游动过程。

经过一定数目的迭代过程，鱼群搜索方法停止迭代。基于鱼群搜索方法的模型优化求解算法如图 4-5 所示。

输入：特征向量空间 $\{\Phi^{\text{O}} \cup \Phi^{\text{A}} \cup \Phi^{\text{D}}\}$，TIRI 帧数目 N，位移控制参数 $\text{step}_{\text{ind1}}$、$\text{step}_{\text{ind2}}$，集体位置控制参数 $\text{step}_{\text{vol1}}$、$\text{step}_{\text{vol2}}$，鱼群大小 M，最大迭代次数 T，喂食权重边界 W_{scale}。

步骤 1：计算 $\tilde{i} = \arg\min_i \left\|\boldsymbol{\varphi}_i^{\text{O}} - \boldsymbol{\varphi}_i^{\text{A}}\right\|$，将特征偏移量鱼群 $\{\lambda_j\}$ 与鲁棒性鱼群 $\{\sigma_j\}$ 中每条鱼的取值分别初始化为 $\boldsymbol{\varphi}_i^{\text{O}} - \boldsymbol{\varphi}_i^{\text{A}}$ 与 $\left\|\boldsymbol{\varphi}_i^{\text{O}} - \boldsymbol{\varphi}_{\hat{i}}^{\text{A}}\right\|$；设置迭代次数 $t=0$。

步骤 2：更新鱼的位置。根据式（4-8）与式（4-9）计算 $\lambda_j(t+1)$ 与 $\sigma_j(t+1)$，若约束条件不被满足，则此次迭代无效，鱼的位置不变。

步骤 3：更新集体鱼群的位置。按照式（4-10）与式（4-12）计算平均移动值，若约束条件不被满足，则此次迭代无效，鱼群的位置不变。

步骤 4：更新基于集体信息的鱼群位置。计算鱼群当前位置的重心，按照式（4-16）与式（4-17）进行更新，若约束条件不被满足，则此次迭代无效，鱼群的位置不变。

步骤 5：$t=t+1$。

步骤 6：若 $t<T$，执行步骤 2；否则退出鱼群搜索。

输出：计算 $\tilde{j} = \arg\max_j \sigma_j$，输出 $\lambda_{\tilde{j}}$ 与 $\sigma_{\tilde{j}}$。

图 4-5　基于鱼群搜索方法的模型优化求解算法

4.4　实验仿真与结果分析

4.4.1　实验数据集

本实验中所用的视频文件来自著名的公开视频数据库 Open video project。该数据库由北卡罗来纳大学教堂山分校的信息与图书馆学学院开发与维护，旨在为视频检索、视频内容分析、数字图书馆等应用提供公共的视频资源，其中包括上千个不同内容、格式和时长的视频。从该数据库中选择 60 个视频作为实验仿真视频使用，所选择的视频内容包括记录、教育、历史、演讲，格式包括 MPEG-1、MPEG-2，时长包括小于 1 min、1～2 min、2～5 min。采用视频开源软件"fmpeg"对视频格式进行转换，形成由原始帧序列构成的视频，作为算法的输入。

在对视频进行预处理部分，标准化后的视频的帧图像大小为 320 像素×240 像素、帧速率为 10 FPS。对进行帧分组后的视频计算相应的 TIRI。由于视频相互之间内容不同、时长也不等，故每个视频的 TIRI 不等。选择 30 个原视频作为训练视频使用，剩下的 30 个原视频作为测试视频使用。

与图像哈希算法的仿真过程类似，对原视频的每个分组中的帧图像进行相应的保持感知内容操作和修改感知内容操作，并针对操作后的视频序列分别生成相应的 TIRI，以构成整个实验的视频数据集。本实验所采用的保持感知内容的操作具体包括以下几种。

（1）对帧图像按照顺时针旋转，旋转角度依次为 2°、5°、10°、15°。

（2）对帧图像进行尺寸缩放，缩放因子依次为 0.6、0.8、1.2 和 1.5。

（3）对帧图像进行平移变换，先将帧图像缩小至原来的一半，并按照帧图像原来的中心位置移动帧图像，使帧图像在水平方向和垂直方向上新的中心依次为(–10, 0)、(10, 0)、(0, 10)、(0, –10) 和(10, 10)。

（4）对帧图像上的像素添加高斯噪声，其中高斯噪声的均值为 0，方差依次为 0.01、0.03 和 0.05。

（5）对帧图像上的像素添加椒盐噪声，其中噪声密度依次为 1%、2%、3%、4%和 5%。

（6）对帧图像的亮度值进行增大或减小，改变值依次为 90%、95%、110%和 120%。

（7）对帧图像进行均值滤波，滤波器大小为 2×2、4×4、5×5 和 6×6。

对分组中帧图像采取的修改感知内容的操作包括块覆盖、剪切复制和块重组，具体参数设置如下。

（1）块覆盖：采用白色块、黑色块或马赛克块分别覆盖帧图像，覆盖的位置随机选择，其中每种类型覆盖块的个数与大小分别为 2 个 50 像素×50 像素的块、2 个 100 像素×100 像素的块、1 个 200 像素×200 像素的块。

（2）剪切复制：将一幅与被攻击帧图像内容完全不同的图像复制到被攻击帧图像上，覆盖原来位置上的内容。覆盖位置随机选择，被覆盖的大小分别为被攻击帧图像的 10%、20%、30%和 40%。

（3）块重组：将帧图像分为大小相同的块并重新排列，组合成帧图像，分块的个数分别为 2、4 和 16。

4.4.2　结果分析

采用真报率 R_{TP} 和假报率 R_{FP} 来衡量视频哈希算法的性能，其中 R_{TP} 和 R_{FP} 的定义分别为

$$R_{\text{TP}} = \frac{\text{正确认证为安全的TIRI帧图像总数}}{\text{认证为安全的TIRI帧图像总数}} \qquad (4\text{-}18)$$

$$R_{\text{FP}} = \frac{\text{错误认证为不安全的TIRI帧图像总数}}{\text{认证为不安全的TIRI帧图像总数}} \qquad (4\text{-}19)$$

式中，认证为安全（或不安全）的 TIRI 帧图像分别表示采用视频哈希算法比较 TIRI 内容时，输出结果认为其内容是安全的、没有经过篡改（或不安全、经过篡改）的 TIRI 帧图像；正确认证为安全的 TIRI 帧图像是指实际该图像是安全的且算法认证其内容安全的 TIRI 帧图像；错误认证为不安全的 TIRI 帧图像是指实际该图像是安全的，但是算法认证其内容不安全的 TIRI 帧图像。R_{TP} 在一定程度上反映了视频哈希算法的鲁棒性，R_{FP} 则反映了视频哈希算法的区分性，实验中采用 ROC 曲线来描述视频哈希算法在鲁棒性与区分性方面的整体性能。

在视频哈希算法性能的比较上，本实验选择了三种相关的算法进行性能分析，即基于中心校准的 LSH-core[16]方法、基于 Radon 变换的 Radon-based[17]方法和基于离散余弦变换的 TIRI+DCT[10]方法。四种算法的比较结果如图 4-6 所示，其中横坐标表示 R_{FP}，纵坐标表示 R_{TP}。从图 4-6 中可以看出，本章算法 ROC 曲线在坐标轴 R_{FP} 与 R_{TP} 范围内最高，具有最大的鲁棒性与区分性，即在相同区分性要求下，本章算法具有最大的鲁棒性；在相同鲁棒性要求下，本章算法具有最大的区分性。

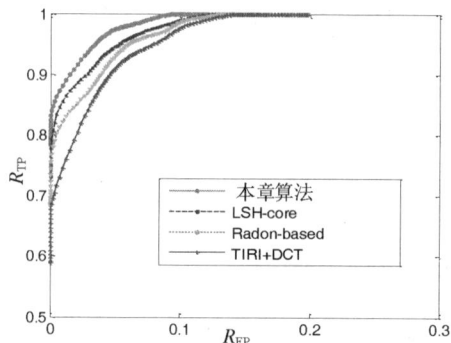

图 4-6　四种算法的比较结果

参考文献

[1] ROOVER C D, VLEESCHOUWER C D, LEFEBVRE F. Robust video hashing based on radial projections of key frames[J]. IEEE Transactions on Signal Processing, 2005, 53 (10): 4020-4037.

[2] LEE S, YOO C D. Robust video fingerprinting for content-based video identification[J]. IEEE Transactions on Circuits and Systems for Video Technology, 2008, 18 (7): 983-988.

[3] YANG G, CHEN N, JIAN Q. A robust hashing algorithm based on SURF for video copy detection[J]. Computers and Security, 2012, 31: 33-39.

[4] XIANG S, YANG J, HUANG J. Perceptual video hashing robust against geometric distortions[J]. Science China-Information Sciences, 2012, 55 (7): 1520-1527.

[5] COSKUN B, SANKUR B, MEMON N. Spatio-temporal transform based video hashing[J]. IEEE Transactions on Multimedia, 2006, 8 (6): 1190-1208.

[6] SAIKIA N, BORA P K. Robust video hashing using the 3D-DWT[C]//National Conference on Communications, 2011: 1-5.

[7] MALEKESMAEILI M, FATOURECHI M, WARD R K. Video copy detection using temporally informative representative images[C]//Proceedings of IEEE International Conferences on Machine Learning Applications, 2009: 69-74.

[8] MALEKESMAEILI M, FATOURECHI M, KREIDIEH R. A robust and fast video copy detection system using content-based fingerprinting[J]. IEEE Transactions on Information Forensics and Security, 2011, 6 (1): 231-243.

[9] SUN J, WANG J, ZHANG J. Video hashing algorithm with weighted matching based on visual saliency[J]. IEEE Signal Processing Letters, 2012, 19 (6): 328-331.

[10] LIU X, SUN J, LIU J. Visual attention based temporally weighting method for video hashing[J]. IEEE Signal Processing Letters, 2013,20 (12): 1253-1256.

[11] LI M, MONGA V. Robust video hashing via multilinear subspace projections[J]. IEEE Transactions on Image Processing, 2012, 21 (10): 4397-4409.

[12] SANDEEP R, SAKSHAM S, MAYANK T. Perceptual video hashing based on Tucker decomposition with application to indexing and retrieval of near-identical videos[J]. Multimedia Tools and Applications, 2016, 75 (13): 7779-7797.

[13] LI M, MONGA V. Compact video fingerprinting via structural graphical models[J]. IEEE Transactions on Information Forensics and Security, 2013, 8 (11): 1709-1721.

[14] FILHO C, NETO F, LINS A J. A novel search algorithm based on fish school behavior[C]//IEEE International Conference on Systems, Man and Cybernetics, IEEE, 2008: 2646-2651.

[15] FILHO C B, NASCIMENTO D. An enhanced fish school search algorithm[C]//BRICS Congress on Computational Intelligence and 11th Brazilian Congress on Computational Intelligence, IEEE, 2013: 152-157.

[16] MA Q, XU L, XING L, et al. Robust image authentication via locality sensitive hashing with core alignment[J]. Multimed Tools and Application, 2018, 77 (6): 7131-7152.

[17] LEI Y, WANG Y, HUANG J. Robust image hash in Radon transform domain for authentication[J]. Signal Processing: Image Communication, 2011, 26 (6): 280-288.

[18] MA Q, XING L. Perceptual hashing method for video content authentication with maximized robustness[J]. EURASIP Journal on Image and Video Processing, 2021, 36: 1-17.

第5章 基于视频远程证明协议的视频认证技术

多媒体信息的安全不仅包括多媒体信息在终端的安全，还包括多媒体信息在网络信道传输过程中的安全。多媒体内容从发送端经过互联网的开放信道传输至接收端，在网络中极易遭受各种攻击。前面章节已从接收端的角度研究了其所获得多媒体信息的可信认证技术，本章将从视频发送端的角度，思考如何通过一种有效的技术，来保证视频接收端的可信及视频接收端所获得视频的可信。视频接收端的可信涉及视频接收端平台可信、视频接收端用户身份可信，视频接收端所获得视频的可信包括视频帧的可信、视频帧序列的可信。

本章提出了一种基于视频远程证明协议的视频认证技术。首先，对视频远程证明技术进行了分析，指出了视频在网络中传输面临的安全威胁与挑战，提出了基于可信平台模块（Trusted Platform Module，TPM）的视频远程证明技术；其次，对 TPM 的结构进行了分析，并对基于 TPM 的技术进行了比较；再次，提出了基于 TPM 的视频远程证明结构、协议，并对其中的协议进行了安全性分析；最后，考虑到不同可信等级下的网络环境，提出了基于可变长度的视频远程证明模式，设计了判断视频接收端所获得视频的非可信帧的搜寻算法，并通过实验仿真验证了算法的有效性。

5.1 视频远程证明技术分析

视频服务已成为互联网服务中的主要内容之一。截至 2024 年 6 月，我国网络视频用户数已超过 10 亿人，占整体网络用户数的 97.1%，视频数据已无处不在。除了人们日常生活中广泛使用的视频共享服务，视频服务还包括视频会议、视频演讲、视频监控、视频展示等视频通信活动，视频通信已成为人与人之间、人与设备之间突破空间限制的有效、实时的信息交流方式。视频通信普遍采用基于 IP 的互联网，而互联网的开放性给视频通信带来了众多安全问题。例如，加拿大魁北克自由党的视频会议系统被攻击者突破访问权限，从而攻击者能够轻易地破坏视频会议内容、伪造接收端身份。

简单的视频通信系统包括视频发送端、视频接收端及视频传输信道。前面的章节从视频接收端的角度出发，研究了如何对接收到的视频内容完整性进行认证，确保视频接收端获得安全的视频；本章将从视频发送端的角度出发，研究如何保证发送过程中视频内容的完整性。视频会议、视频演讲等应用通常需要保证视频发送端发送的视频被正确的用户接收，且视频内容完整。

视频通信过程中可能遭受的安全威胁如图 5-1 所示。在正常、无安全威胁的情况下，视频发送端将视频 V 通过网络信道发送至视频接收端，视频接收端将获得与视频发送端相同内容的视频 V。但在存在安全威胁的情况下，攻击者对视频通信的攻击存在着两种方式：攻击方式 1，攻击者对互联网上传输的视频 V 进行篡改、内容删除等攻击操作，视频接收端获得视频 V'，即视频发送端发送的视频内容的完整性遭到破坏；攻击方式 2，攻击者通过向合法的视频接收端注入恶意代码或伪装成合法用户，以接收视频 V，使得视频发送端以为其所发送的视频被正确地传输至所想要传输的视频接收端，而实际情况是合法的视频接收端并没有接收到该视频，相对于视频发送端，视频接收端的可用性遭到了破坏。

由图 5-1 可知，在两种攻击方式下，攻击者都将直接获得视频 V。通常情况下，为了保证视频内容的机密性，可以对视频内容的全部或部分敏感参数进行加密，此时攻击者将无法识别视频内容。本章将围绕视频内容的完整性进行研究，即通过某种方法验证视频内容在传输过程中有无被篡改。采用视频加密/解密操作保护视频的机密性，并不会改变图 5-1 中的攻击方式。

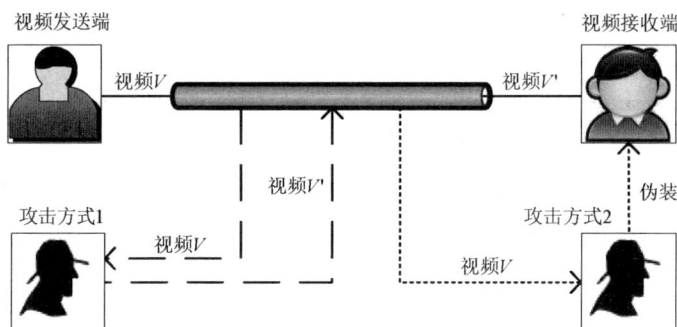

图 5-1　视频通信过程中可能遭受的安全威胁

为了保证视频接收端用户身份的合法性，通常采用设置密码、口令等安全措施，但此类安全措施容易遭受字典式攻击、视频接收端木马注入等威胁。与此类基于软件保证视频接收端用户身份合法性、视频接收端安全的方式不同，可信计算是一种基于硬件的安全策略，被认为是保证信息系统安全的有效方法[1-2]。可信计算通过在硬件平台（TPM）存放用户加密/解密过程的密钥根来保证信息系统安全。该密钥根在硬件平台制作过程中被设置，是整个可信计算的信任根，并以此保证后续对系统平台的操作都是可以预测、值得信赖的。

本章将研究基于 TPM 实现视频发送端对其所发送的视频内容完整性的远程证明，使视频发送端对通过网络传输的视频进行认证。研究的目的是使视频发送端能够认证其所发送的视频被合法用户正确接收。其中，合法用户指的是视频发送端先前确定、了解的用户，是其想要发送视频的对象；正确接收指的是视频接收端获取的视频与视频发送端发送的视频内容一致，完整性没有遭到破坏。研究通过远程证明方法，使视频发送端对视频接收端平台、获得的视频内容进行认证。主要工作包括设计基于 TPM 的视频远程证明结构、协议，以及相应的证明模式。

本章对应本书中介绍的可信内容标引，可以视为可信内容标引的一个应用，即视频发送端在进行远程证明时，将对视频的可信内容标引进行证明，而不是对整个视频内容进行证明，即不需要视频接收端通过传输整个视频内容到视频发送端来进行证明。

5.2　TPM 分析

5.2.1　TPM 的结构

TPM 是一种基于硬件模式保护系统组件安全、可信的方法，由可信计算组织（Trusted Computing Group，TCG）讨论并规定相应的技术标准和规范[3-4]。TPM 提供了一系列安全操作，如加密/解密操作、密钥管理、远程证明、系统完整性验证，通过信任链方式保证所在系统硬件与软件的安全。目前，TPM 已经安装部署在超过十亿台个人计算机的主板上，采用 TPM 进行可信计算受到越来越多安全领域企业、组织或个人的认可。

在 TPM 易失存储器中，平台配置寄存器（Platform Configuration Register，PCR）用于存放当前系统下一些非敏感的哈希值，这些值可以供外部函数命令进行访问。通常一个可信平台可以维持并记录一系列影响平台安全状态的操作，该记录从系统启动时开始进行。当有额外操作作用于记录文件时，TPM 可以接收当前记录文件的入口点或消息摘要，并且将其以一种扩展叠加的方式存放在 PCR 中。为了方便实现可信评估，TPM 提供多个 PCR 用于记录不同实体的操作历史，如用于记录 BIOS（Basic Input Output System，基本输入

输出系统）策略的 PCR、用于记录启动 ROM（Read Only Memory）的 PCR
和用于记录启动操作系统的 PCR。

TPM 为实现 PCR 值迭代式更新，提供了 extend 命令操作，其计算方式为

$$\text{digest}_{new} = H_{hashAlg}(\text{digest}_{old} \parallel \text{data}_{new}) \tag{5-1}$$

式中，digest_{old} 为执行该命令之前的消息摘要值；data_{new} 为附加在 digest_{old} 之
后的数据，该数据与 digest_{old} 一起进行哈希值计算；$H_{hashAlg}()$ 为所选定的哈希
函数；digest_{new} 为执行该命令后新的消息摘要值。

由式（5-1）可以看出，迭代更新后的 PCR 值能够体现存放在该寄存器
中的数据是否具有历史完整性，即若当前的 PCR 值正确，则表明当前的数据
及历史数据都具有完整性；若当前的 PCR 值不正确，则表明先前存放的数据
被篡改了。对于 PCR 值，TPM 提供了证明方法（Attestation）或策略配置方
式进行读取。

在 TPM 结构规范说明中，TCG 对可信计算的概念进行了定义。首先，
TCG 认为的可信指的是行为按照期待的方式进行，如通常情况下人们预计银
行将按照银行的工作方式进行行动，小偷将按照小偷的行为进行行动。针对系
统平台行为的期待，TPM 提供了该平台下所有硬件行为与软件行为的搜集报
告，并以该报告判断该平台的所有行为是否在期待中，进而判断其是否可信。
其次，TCG 认为可信具有传递性，可信的传递性指的是由信任根能够建立一
个可执行函数的可信，而在该可执行函数中又可建立另一个可执行函数的可
信，依此类推。TCG 定义的所有方法都基于信任根，该信任根是必须值得信任
的系统部分，通常可以采用 TPM 制造商的证书方法建立信任根的可信。

TPM 的主要作用除密钥管理外，还可以实现平台的可信启动、远程证明。
图 5-2 所示为 TPM 实现操作系统认证启动、应用程序可信运行的过程。其
中，实线箭头表示测量，如从引导扇区出发指向操作系统的实线箭头表示该
引导扇区对操作系统程序数据计算哈希值，该哈希值用于表示操作系统的完

整性；虚线箭头表示 PCR 扩展操作，将执行程序的哈希值迭代至相应的 PCR 值。BIOS 启动块（BIOS boot block）是位于 BIOS 中特定区域的启动程序，包含最小的指令集；引导扇区用于存放操作系统的引导程序。

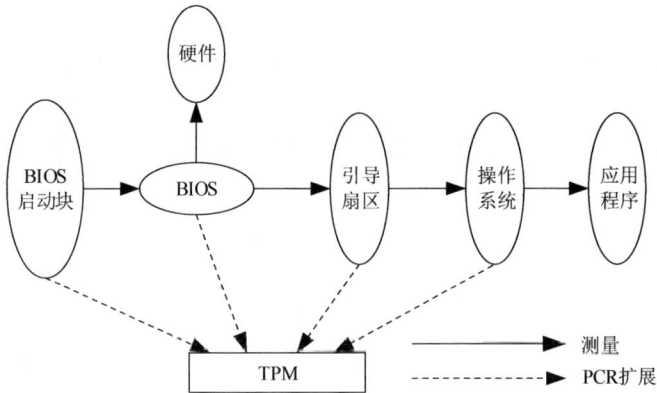

图 5-2　TPM 实现操作系统认证启动、应用程序可信运行的过程

操作系统认证启动过程记录了启动过程中的每个状态，并将状态的安全与否交由远端实体进行判断。TCG 规定操作系统的启动过程为认证启动。当硬件接通电源后，由 BIOS 启动块执行代码，该代码是整个可信计算的 CRTM（Core Root of Trust for Measurement，测量的核心信任根），CRTM 将后续将要执行的 BIOS 程序数据的哈希值发送给 TPM 进行 PCR 扩展操作。当 BIOS 启动块执行完代码以后，控制权将交给 BIOS。BIOS 对各个组件，如硬件配置、引导扇区相关数据进行哈希值计算，并且将相应的哈希值发送至 TPM。BIOS 程序将引导扇区数据的哈希值发送至 TPM，并且将控制权交给引导扇区，引导扇区将后续操作系统的哈希值发送至 TPM，依此类推，实现对操作系统、应用程序的认证启动。当启动正确执行后，PCR 中存放的是所有组件的信任链值。

TPM 提供的远程证明可以向远端实体证明 TPM 所在平台当前状态的可信情况。远程证明通过远端实体对 TPM 的 PCR 进行读取，以便分析当前平台可信与否，因为 PCR 中存放着已经运行过的代码段、程序或实体数据的完整性度量值。远程证明的应用包括银行信息系统仅允许安装了最新补丁程序的用户计算机进行交易，公司仅允许那些运行认证软件的用户计算机访问其网络等。通常情况下，在 TPM 进行远程证明时，远端实体预先知道所要证明的 TPM 的 EK（Endorsement Key，签署密钥），并且信任由 EK 签名的证书。TPM 在远程证明时，将生成 AIK（Attestation Identity Key，密钥对），其中 AIK 私钥存放于 TPM 内部，AIK 公钥以 EK 签名的证书形式发送给远端实体。

TCG 在 2001 年制定了 TPM1.1 规范，随后在 2003 年制定了 TPM1.2 规范，该规范在 2009 年成为 ISO/IEC 国际标准。2014 年 10 月，TCG 对 TPM1.2 规范进行了改进，发布了 TPM2.0 规范，2015 年该规范成为国际标准 ISO/IEC 11889。TPM2.0 规范与 TPM1.2 规范在对 TPM 的功能、特征描述上没有太大变化。与此同时，我国也展开了对 TPM 的研究，国内的 TPM 称作可信加密模块（Trusted Crytography Module，TCM）。TCM 在结构上与 TPM 没有太多差别，但在算法上增添了我国自主设计的加密/解密算法。

5.2.2　可信计算认证技术的特点

目前，国内外已有许多针对 TPM 开展的研究，这些研究大致上可以分为两类：针对 TPM 平台本身（如通信协议、硬件结构等）开展的研究；针对 TPM 的应用（如基于 TPM 的云计算、集成路由设计等）开展的研究。

在针对 TPM 通信协议开展的研究中，Winter 等人[5]通过实例分析了这些位于总线上的接口容易遭受的被动攻击和主动攻击，认为 TPM 的安全性高度依赖其所在物理平台的所有者。Yu 等人[6]提出了一种基于改进组合公钥加密的远程证明框架，其能够在不需要第三方的情况下对 TPM 平台的身份和完整性数值进行获取。杨波等人[7]提出了基于 ECC 的直接匿名认证方法，其基于第三方证书颁布，采用信任凭证嵌入与提取方法，实现高效率的匿名认证。谭良等人[8]提出了一种可信终端的远程证明方法，该方法着重对可信终端运行过程中的状态进行监测，但对证明过程中如何抵挡重复攻击等攻击行为没有相应的对策。对于跨域情况下的直接匿名认证，Yang 等人[9]采用基于代表的跨域匿名证明框架，通过代理签名建立不同领域内代表之间的信任关系。在对 TPM 通信协议进行证明时，Seifi 等人[10]提出了采用着色 Petri 网络进行分析的方法。另外，Yu 等人[11]对 TPM2.0 规范中基于哈希的消息认证码协议的安全进行了形式化分析，指出 TPM2.0 规范中密钥块替代方法具有脆弱性。

在 TPM 的应用方面，目前主要有关于大数据云平台、物联网等方面的研究。Cohen 等人[12]提出了基于 TPM 的可信 Hadoop 分布式文件系统。Park 等人[13]提出了基于 TPM 的小型管理程序的可信地理定位信息框架，其主要通过 TPM 内部的 Quote、Extend、LoadKcy 等操作实现认证。Yu 等人[14]针对云服务平台下虚拟机的可信性，提出了采用基于 TPM 和 CA 的认证框架，实现了对虚拟机运行安全性的远程证明。Hamadeh 等人[15]针对物联网中不同设备处理能力差异巨大的问题，研究了如何将 TPM 签名算法分散到多片 TPM 中联合进行。张文博等人[16]针对车联网云数据平台的安全性，采用 TPM 对云服务用户的身份、运行状态进行远程证明。Fu 等人[17]针对无线传感网络中节点的安全性，采用将 TPM 嵌入节点的方式，通过远程证明实现单跳、多跳方法中节点的可信证明。

此外，针对 TPM 在可信网络构建方面的应用也有一些研究。例如，邵诚等人[18]针对工业环境下控制系统设备的信息安全，提出了基于 TPM 的多层次可信管理方案；Tan 等人[19]提出了集成路由安全框架，采用 TPM 保证框架中每个设备（包括计算机、路由器等）的可信；Hao 等人[20]针对数据删除可验证技术，提出了对 TPM 中加密、密钥删除操作的结果进行可信验证，以提高用户对数据删除操作过程的透明性。

本章提出了一种基于 TPM 的视频远程证明技术，以解决视频发送端对视频接收端平台可信、所接收视频内容完整性可信问题。下面首先描述该视频远程证明结构、协议，并对视频远程证明协议的安全性进行分析；然后提出一种基于可变长度的视频远程证明模式；最后通过实验仿真验证视频远程证明技术的有效性。

5.3　基于 TPM 的视频远程证明技术

5.3.1　视频远程证明结构

基于 TPM 的视频远程证明的目的是让视频发送端确认自己向安全、合法的视频接收端发送视频，且视频接收端获得的视频内容具有完整性，该结构设计的目标主要包括以下四点。

① 视频发送端能够检查视频接收端平台的完整性。通过 TPM 提供的硬件信任根及相应的加密、签名算法，视频发送端能够在发送视频内容之前，判断视频接收端平台的完整性，从而对不具有平台完整性的视频接收端关闭连接。

② 视频发送端能够对已经发送的视频内容的完整性进行验证。通过远程证明方法对视频接收端接收到的视频内容的完整性进行检查，检查时可以以帧或帧分组为单位，目的在于确保视频在网络通信过程中没有遭到攻击。

③ 对于没有通过安全性认证的帧分组的视频内容，视频发送端能够通过远程证明方法确认发送的视频内容中不可信帧首次出现的位置，目的在于通知视频接收端不可信帧出现的位置或重新建立连接，传送从该位置开始的视频内容。

④ 视频接收端在响应视频发送端的远程证明时，若视频接收端的视频为实时播放模式，则所设计的视频远程证明协议不会使播放的视频停滞、延迟，即远程证明协议的运行对视频接收端来说，应该是透明的，不会降低视频接收端对视频的播放体验。

本章所设计的视频远程证明结构考虑到的整个系统的安全威胁主要有以下两点。

① 对视频接收端的攻击：视频接收端平台有可能遭受攻击，如用户名、密码等信息被攻击者盗用，攻击者伪装合法用户发起视频连接；视频接收端用户视频程序或视频接收端用于响应远程证明的应用程序有可能被破坏，如攻击者在用户建立与视频发送端的连接后，对用户远程证明的响应值进行伪造。

② 对视频传输过程的攻击：此类攻击主要是中间人攻击模式，如攻击者对互联网中视频发送端、视频接收端的连接进行监听，通过对传输的视频进行帧内容篡改、帧删除、帧重组等恶意操作，达到修改视频接收端接收到的视频内容的目的。

基于 TPM 的视频远程证明采用硬件方式保证视频接收端平台的安全性，并通过远程证明对视频内容的完整性进行验证，但对视频发送端与视频接收端系统的安全性有以下四个安全方面的假设。

① TPM 平台是可信的。TPM 的 EK 是可信的，并且其内部的 PCR 仅对拥有合法授权的应用程序开放操作，不能由攻击者随意进行读写操作。

② 视频接收端与视频发送端之间的信任基于证书授权中心（Certificate Authority，CA）建立，这种信任是安全、可靠的。通常，CA 对视频接收端平台中 TPM 的 AIK 部分采用证书方法进行证明，视频发送端信任拥有 CA 授权的证书，从而使视频发送端、视频接收端能够建立后续的远程证明密钥。

③ 视频接收端的视频远程证明应用程序、视频接收程序在运行状态下是可信的，即攻击者无法对内存中的该部分程序进行攻击。通常可以采用内核安全保护方法来保证运行状态下代码的安全性，如修改某些数据的操作权限等。

④ 视频发送端是可信的。视频发送端的应用程序、平台是安全的，包括在运行过程中由视频发送端发起的远程证明过程等；视频发送端的用户身份是可信的，攻击者无法对其进行攻击。

本章主要从视频发送端的角度来研究视频接收端的视频内容的安全性，因此研究重点在于视频接收端，故首先假定视频发送端平台具有安全性，该平台中存储的视频接收端的用户名和密码、视频内容、视频内容哈希值、视频接收端 TPM 证书等都是安全的。

图 5-3 所示为基于 TPM 的视频远程证明结构，其中包括视频发送端与视频接收端。视频发送端包括视频程序服务端（Video Server Application，VSA）、视频远程证明模块（Attestation Module，AM）、视频策略（Video Policy，VP）；视频接收端包括操作系统和硬件（TPM），操作系统包括视频程序客户端（Video Client Application，VCA）、视频证明客户代理（Attestation Client Agent，ACA）。

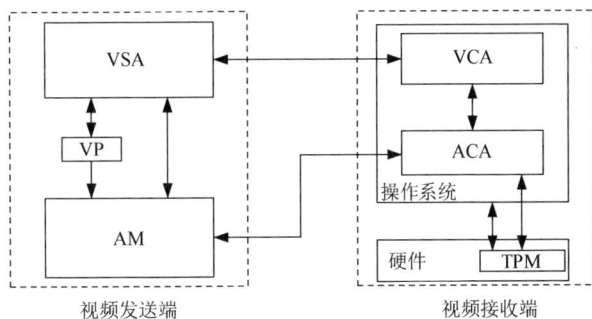

图 5-3 基于 TPM 的视频远程证明结构

5.3.2 视频远程证明协议

对于视频接收端，VCA 主要负责与 VSA 进行交互，如向 VSA 发起视频连接、从 VSA 获得视频内容，其功能如下。

① 初始化视频连接请求，向视频发送端 VSA 发送访问控制信息（包括

用户名、密码、IP 地址），访问控制信息通过加密方式进行传输，以防明文信息被攻击者利用。

② 接收视频内容，主要从端口获得 VSA 传输过来的视频数据包，并根据视频格式生成相应的视频头部、视频帧数据，其中视频头部用于存放该视频的高层语义信息。

③ 提取视频可信内容标引，主要实现视频高层语义信息生成、视频帧哈希值生成，以供 AM 远程证明使用。

④ 播放或存储视频，可以对接收的视频进行实时播放，也可以将视频内容存储于视频接收端指定的文件目录下。

视频接收端的 ACA 负责响应视频发送端的证明请求，其功能如下。

① 获得 TPM 的管理权限，通过密码方式实现对 TPM 操作的授权，以利用 TPM 提供的安全功能。

② 加密功能，采用 AM 的公钥对 TPM 生成的会话公钥进行加密，从而建立后续证明过程中的非对称加密算法的密钥对。

③ 对 TPM 进行操作，分别实现对 TPM 中 PCR 值签名（TPM_Quote），生成 RSA 会话密钥对（TPM_Generate Session Key），生成随机数（TPM_Generate Nonce），扩展更新 PCR 值（TPM_Extend）。

④ 响应 AM 的视频远程证明请求，包括视频高层语义信息证明、视频帧安全证明。

视频发送端的 VSA 负责响应视频接收端的连接请求，并向 AM 发起视频远程证明，其功能如下。

① 响应 VCA 发起的视频连接请求，并对 VCA 的访问控制信息进行检查，在 VP 中进行比对，以确认 VCA 是否具有视频请求权限。

② 向 AM 发起对指定 VCA 平台完整性的远程证明请求，即初始化 AM 的平台远程证明模式，并对远程证明请求结果进行等待，将远程证明结果的数值在 VP 中进行比对，以确认 VCA 平台是否具有认证性。

③ 分析视频内容，提取视频的可信内容标引，包括视频的高层语义信息和视频帧哈希值，并将数值存放在 VP 中以供后续对视频接收端所接收视频的安全性进行证明时使用。

④ 向 AM 发起对指定 VCA 平台接收视频完整性的远程证明请求，即初始化 AM 的视频远程证明模式，并且对证明结果进行判断，若证明结果与 VP 中存放的数值不一致，则向 AM 发起不可信视频帧的定位请求，即初始化 AM 中不可信视频远程证明函数。

⑤ 关闭 VCA 视频连接，对不合法的访问请求、VCA 平台不完整的视频接收端关闭相应的视频连接。

视频发送端的 VP 用于存放合法视频接收端的访问控制信息、VSA 所发送视频的可信内容标引，VP 由视频发送端用户进行管理，其认证信息数据由 AM 在远程证明时使用。

视频发送端的 AM 主要负责向视频接收端的 ACA 发起远程证明，其功能如下。

① 实现对视频接收端 ACA 平台完整性的认证，对于由 VSA 给定 IP、用户名的视频接收端，通过远程证明方式获得 VCA 平台认证的哈希值。

② 实现对视频接收端所接收视频内容高层语义信息、底层语义信息的远程证明。

③ 在给定帧序号的情况下，通过远程证明实现对视频接收端获得的从视频起始帧到当前给定帧序号的所有视频帧序列的完整性认证。

④ 对视频接收端接收到的视频中出现的不可信帧进行定位，不可信帧是指视频播放序列中第一次出现的不安全帧。

⑤ 加密/解密功能，实现与 ACA 会话密钥对的建立、视频认证信息的加密与解密。

视频发送端与视频接收端在建立视频连接、用户身份认证方面的通信协议如图 5-4 所示。VideoRequest$((usr, pw)_{PUBS})$表示视频接收端 VCA 发起的与视频发送端之间的视频连接请求，其中 usr 和 pw 参数分别为视频接收端的用户名与密码信息，并且采用视频发送端的公钥 PUBS 进行加密，以密文形式发送；VSA 收到视频连接请求后，对加密后的访问控制信息采用 PRIS 私钥进行解码，并且执行 CheckRequest(usr, pw)，在 VP 中比对该用户的身份访问信息是否与 VP 中存放的一致，若一致，则执行 AM 平台远程证明协议，否则结束连接。

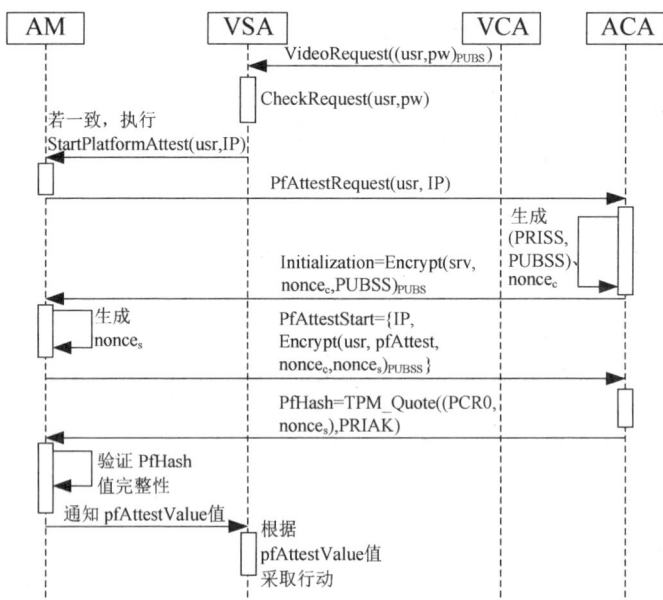

图 5-4　视频发送端与视频接收端在建立视频连接、用户身份认证方面的通信协议

视频发送端的 AM 由 VSA 程序启动，并且接收 VSA 传入的待认证视频

接收端的用户名、IP 地址。首先，AM 向 ACA 发起远程证明初始化请求 PfAttestRequest(usr, IP)，ACA 接收到远程证明初始化请求后，将进行初始化，包括生成 AM 与 ACA 之间用于 RSA 加密/解密算法的会话密钥对(PRISS, PUBSS)、随机数 nonce$_c$，并且使用视频发送端的公钥加密这些参数，将加密结果 Initialization 发送至 AM，目的在于实现双方会话密钥对的建立；然后，AM 采用视频发送端的私钥进行解码，获得 nonce$_c$ 数值及会话解码公钥，并生成随机数 nonce$_s$，以防重放攻击；最后，AM 向 ACA 发送平台完整性远程证明请求信息 PfAttestStart，该信息包括 ACA 地址和加密信息两部分，加密信息由视频接收端用户名 usr、pfAttest、nonce$_c$、nonce$_s$ 通过 PUBSS 公钥加密构成，加密的目的在于保护随机数的机密性，其中 pfAttest 表示进行平台完整性远程证明操作的标识信息。

ACA 对获得的 PfAttestStart 进行分析，并且开始执行 TPM 的 TPM_Quote 操作，目的在于获得相应 PCR 值的签名，签名采用 AIK 私钥 PRIAK 生成。TPM 用于远程证明的 RSA 密钥对(PRIAK, PUBAK)由 Privacy CA 提供证书，即视频发送端的 AM 通过 CA 获得 TPM 远程证明公钥 PUBAK 的可信。实验中，视频接收端平台启动过程、VCA 与 ACA 程序的完整性值存放于 PCR0 中，ACA 将对该 PCR 值与 nonce$_s$ 一起进行签名。

视频发送端的 AM 接收 ACA 发来的签名 pfHash 后，对其进行完整性认证。通过远程证明公钥 PUBAK 对 pfHash 进行解密，获得视频接收端平台的 PCR0、nonce$_s$，并在 VP 中进行比对，以认证视频接收端平台的完整性，并且将平台认证结果 pfAttestValue 通知 VSA。VSA 根据平台认证结果 pfAttestValue 进行下一步操作，若认证通过，则发送视频至 VCA，否则结束连接。

图 5-5 所示为视频发送端与视频接收端对视频内容进行远程证明的通信协议。若 VSA 判断 VCA 平台具有完整性，则将开始向 VCA 发送视频。考虑到 AM 对视频内容进行远程证明的需要，在发送视频之前，VSA 将分析视

频内容、提取视频的可信内容标引，并将分析结果存放在 VP 中。实验中将首先发送视频的高层语义信息，以 XML 形式传输，视频帧哈希值则随着每帧数据到达 VCA 依次生成。对于获取的视频数据，VSA 可以将其存储在文件中，也可以进行实时播放。

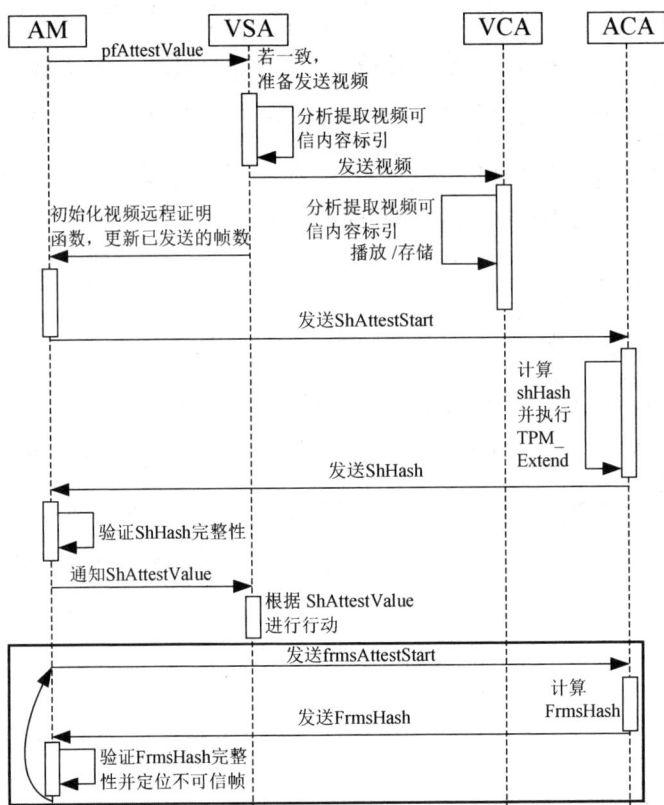

图 5-5　视频发送端与视频接收端对视频内容进行远程证明的通信协议

　　VSA 发送视频之后，将初始化 AM 的视频远程证明函数，并且实时更新已经发送的视频帧的总数。AM 向 ACA 发送视频高层语义信息完整性远程证明请求 ShAttestStart（ShAttestStart={IP, Encrypt(usr, shAttest, nonce$_c$)$_{PUBSS}$}），该请求形式与 PfAttestStart 类似，其中 shAttest 为视频高层语义标识证明信息。ACA 接收到 ShAttestStart 后，采用 PRISS 进行解码，并开始从 VCA 读取视频的高层语义信息，采用哈希算法 SHA-1 获得其哈希值 shHash。实验时，采用 PCR7 对视频高层语义信息进行存储，首先利用 TPM_Extend 将 shHash 扩展至 PCR7，即 TPM_Extend(PCR7,shHash)，该 PCR7 值是后续视频帧序列哈希值可信证明的起始点；然后 ACA 执行 TPM_Quote 操作，采用 PRIAK 对 PCR7 进行签名，从而得到哈希值 ShHash，并且将其传输到 AM。AM 在 VP 中对 ShHash 进行完整性比较，并将结果 ShAttestValue 反馈至 VSA 中。若视频高层语义信息完整性哈希值正确，则 VSA 继续传输视频，否则结束连接。

视频帧序列完整性的远程证明过程与 shAttest 的证明过程类似，不同之处在于，考虑到视频帧数目较多，若对发送的每帧视频都进行证明，将消耗视频接收端过多的计算时间，因此采用帧分组方式，一次远程证明实现对该组视频帧序列内所有视频帧的完整性认证。而视频帧组可以是视频场景，也可以是给定长度的视频帧序列。

在图 5-5 中，进行视频帧序列完整性证明时，AM 向 ACA 发送 frmsAttestStart，frmsAttestStart={IP, Encrypt(usr, toCurrentfrms, $nonce_c$)$_{PUBSS}$}，其中参数 toCurrentfrms 表示通知 ACA 当前需要证明的视频帧序号。ACA 执行 TPM_Extend 操作、计算 FrmsHash，FrmsHash=TPM_Quote$\big($(PCR7,$nonce_s$)，PRIAK$\big)$，并将 FrmsHash 返回给 AM；AM 验证 FrmsHash 的一致性。若 FrmsHash 与 VP 中的数据一致，则表示视频接收端已经获得的从 1 开始至 toCurrentfrms 的视频帧序列内容安全，具有可信性。若 FrmsHash 与 VP 中的数据不一致，则通知 VSA 停止传输视频帧，并且对已发送的视频帧中首次出现的不可信帧进行定位，目的在于通知视频接收端该不可信帧的位置或者从该帧开始重新传输视频帧。

在视频发送端对视频接收端进行远程证明的过程中，信任链的构成如图 5-6 所示。其中，虚线箭头表示 TPM 扩展操作，将程序块或视频帧的哈希值扩展至 PCR；实线箭头表示信任的传递过程，如 CRTM 指向 BIOS 的实线箭头表示由 CRTM 计算 BIOS 的完整性哈希值。由视频帧 $Frame_i$ 建立

后续视频帧 $Frame_{i+1}$ 的可信，直到视频帧序列结束。从图 5-6 中可以看出，视频接收端的平台可信主要由 CRTM、BIOS、BootLoader、操作系统、VCA、ACA 的可信构成，而接收的视频内容的完整性证明则由视频帧序列依次建立。

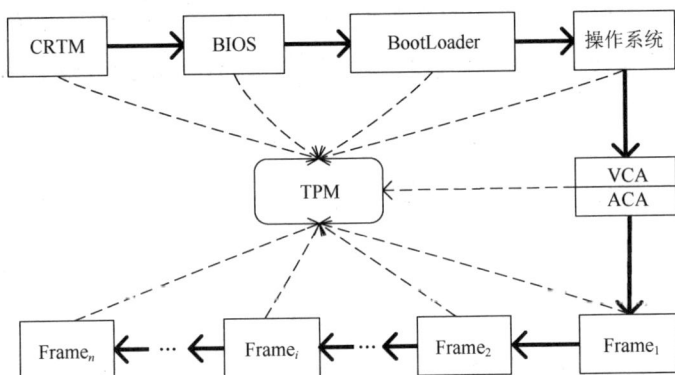

图 5-6 信任链的构成

5.3.3 视频远程证明协议的安全性分析

视频远程证明过程可以分为两个阶段：视频连接请求初始化阶段、视频传输与远程证明阶段。结合前面考虑的安全威胁及图 5-4、图 5-5，下面将分两种情况讨论视频远程证明协议的安全性。

（1）视频接收端平台的完整性问题。

攻击者对视频接收端平台的攻击形式主要有以下两种。

① 视频接收端在发出视频连接请求时，将提供合法的访问控制信息，如用户名、密码等，因此一种可能的攻击形式为攻击者通过网络数据包监听或在视频接收端平台注入木马程序，使合法用户的访问控制信息泄露，攻击者可以伪装合法的视频接收端发出视频连接请求。

② 攻击者对合法视频接收端的视频应用程序 VCA、ACA 发起攻击，如

修改 VCA 发起视频连接过程中的 IP 地址，使其重定向到一个攻击者的服务器地址，从而使视频接收端接收到另外的视频内容，而非视频发送端传输的视频。

针对以上对视频接收端平台的攻击，视频发送端可以在发送视频之前对其平台的完整性进行证明，以验证视频接收端是否安全。从图 5-6 中可知，视频接收端平台在启动后，TPM 中的 PCR7 应该为 CRTM ‖ BIOS ‖ BootLoader ‖ OS ‖ VCA ‖ACA 的连续扩展值（符号‖表示连接），而 CRTM 作为信任根，被存储于 TPM 受保护区域且不允许外界访问，故该认证启动后，通过对 PCR7 的签名，可以让视频发送端发现视频接收端平台是否被攻击者篡改过。

而对于情况②，攻击者作为中间者，一方面实时地从视频接收端获得视频，另一方面将与视频发送端发送的视频内容完全不同的视频发送给视频接收端，使视频接收端以为其正在接收的视频"来自"视频发送端，视频发送端以为其正在传输的视频被"发送"至视频接收端，如图 5-1 中的攻击形式 1。该攻击若想要成功，需要一个前提：攻击者能够实现对 TPM 的 PCR 值进行签名，即攻击者需要拥有 TPM 的 PRIAK。而根据假设条件②，AIK 是由 CA 保证的，因此该攻击形式不成立。

然而另外一个问题是，虽然攻击者无法知道 AIK，但能否根据合法视频发送端与视频接收端以往的通信记录分析出其中规律，从而发起重复攻击呢？从图 5-4 中可以看出，由于每次视频连接通信过程中，均设置了新的随机数 $nonce_s$、$nonce_c$，以保证协议的新鲜性，故该重复攻击形式不成立。

（2）视频接收端获得的视频的完整性问题。

攻击者对传输过程中的视频发起的攻击包括以下两种。

① 对视频的高层语义信息进行攻击。高层语义信息描述了所传输视频

的概念层级信息，是视频内容完整性的一部分，攻击者可能会截断正在传输的视频，修改当前视频的高层语义信息并嵌入篡改后的信息，该高层语义信息将会使视频接收端在理解、认识该视频内容描述时产生错误，从而对视频信息的完整性构成威胁。

② 对视频的底层语义信息进行攻击。此类攻击主要是攻击者对视频帧发起的各种攻击，如对视频帧进行篡改、删除、帧重组等，此时视频接收端获得的这些被修改后的视频帧将不具备视频内容的完整性。

图 5-5 中描述的对视频高层语义信息、底层语义信息完整性的远程证明能有效抵抗这两种攻击形式。shHash 作为视频接收端获得视频的高层语义信息哈希值，是对视频接收端获得的视频进行完整性判断的依据；FrmsHash 作为视频接收端获得视频帧组的哈希值，是对从视频开始帧到序号为 toCurrentfrms 的视频帧的完整性度量值。视频发送端建立对获得的 ShHash 的可信是基于 PRIAK 的信任；建立对 FrmsHash 的可信则是采用信任链方式实现的。

需要注意的是，视频接收端从网络接口获得视频数据包，解包，重构视频高层语义信息、视频帧时，首先要对重构后的视频标引数据、帧数据提取哈希值。假设条件③要求在运行内存过程中，这些数据是安全的，攻击者无法对其进行访问、篡改，即视频接收端实际"接收的视频"的 shHash、FrmsHash 与发送给视频发送端的证明值 ShHash、FrmsHash 应该分别相等，这里的"接收的视频"是指视频接收端进行播放、存储的视频内容。因此，视频发送端可以确定，自己通过 ACA 远程证明获得的 ShHash、FrmsHash 的确是视频接收端"接收的视频"的 shHash、FrmsHash，从而实现对所发送视频内容的完整性认证。

5.4　基于可变长度的视频远程证明模式

5.4.1　远程证明模式

在视频发送端 AM 对视频接收端获得的视频内容进行远程证明时，ACA 通过 TPM_Extend 操作实现视频帧组哈希值的迭代式扩展，其中视频哈希方法可以基于 SHA 算法，也可以基于鲁棒哈希算法，如第 4 章提到的视频哈希技术；而对于每次远程证明过程，最小证明单位可以是视频帧，也可以是视频帧序列。

令视频接收端获得的视频帧序列为 $(f_1, \cdots, f_i, \cdots, f_n)$，VCA 采用视频哈希方法获得的哈希值序列为 $(h_1, \cdots, h_i, \cdots, h_n)$，TPM 中存放的视频帧组哈希值为 PCR_{cur}，视频帧中已经证明的最大序号为 curfms，视频帧证明长度为 L，当前证明过程的输入参数为 toCurrentfrms，即 $L = \text{toCurrentfrms} - \text{curfms}$，则执行操作命令：

$$\text{FDigest} = \text{Hash}_{\text{SHA}}(h_{\text{curfms}+1} \| \cdots \| h_{\text{curfms}+L}) \tag{5-2}$$

$$\text{PCR}_{\text{cur}} = \text{TPM\_Extend}(\text{PCR}_{\text{cur}}, \text{FDigest}) \tag{5-3}$$

式中，符号 $\|$ 表示连接；参数 toCurrentfrms 由视频发送端 AM 检测其合法性，即要求该值小于 VSA 中已经发送视频帧的总数 NumberfrmsSent，且当上一次证明的视频帧具有完整性时，toCurrentfrms 应该大于 curfms。

视频发送端 AM 若判断视频接收端当前证明的视频帧序列不完整，则对视频接收端视频帧序列中的不可信帧首次出现的位置进行定位，而位置定位的证明与没有出现不可信帧的证明过程类似，不同之处在于所需要远程证明的视频帧序号小于上一次远程证明设置的 toCurrentfrms，即 L 的取值比上一

次远程证明的 L 取值小。为实现不可信帧的定位，在 TPM 中设置额外的视频证明的 PCR_{att} 及变量 attestedfrms，分别用于保存上一次证明安全的视频帧序列的哈希值和上一次视频帧序列的最大序号。因此，视频接收端 ACA 在处理 AM 的远程证明请求时所执行的算法流程如图 5-7 所示。其中第一个 if 语句在处理当前要进行远程证明的视频帧序列，表示上一次远程证明的哈希值正确，因此语句 4～6 分别执行视频帧组长度计算、该帧组哈希值计算、当前 PCR 值扩展操作，语句 7、8 分别执行更新当前已证明正确的视频帧序号和更新当前远程证明的视频帧序号操作。

---

1. If (toCurrentfrms>curfms) // 上一次远程证明的哈希值正确

2.   设置 PCR_{att} 为 0;

3. PCR_{att} =TPM_Extend(PCR_{att}, PCR_{cur});

4. L= toCurrentfrms−curfms;

5.   根据式（5-2）计算 FDigest;

6. PCR_{att} =TPM_Extend(PCR_{cur}, FDigest);

7.   attestedfrms=curfms;

8.   curfms=toCurrentfrms;

9. else if (toCurrentfrms<curfms)   // 检测到不可信帧

10.   设置 PCR_{cur} 为 0;

11.   curfms=attestedfrms;

12. PCR_{cur} =TPM_Extend(PCR_{cur}, PCR_{att});

13. L= toCurrentfrms−curfms;

14.   根据式（5-2）计算 FDigest;

15. PCR_{cur} =TPM_Extend(PCR_{cur}, FDigest);

16.   curfms= toCurrentfrms;

17. else //没有视频帧需要远程证明

18. end if

19.   FrmsHash=TPM_Quote$\big(($PCR_{cur}$, nonce_s), PRIAK\big)$;

图 5-7 视频接收端 ACA 在处理 AM 的远程证明请求时所执行的算法流程

第二个 if 语句表示上一次 AM 进行远程证明的视频帧序列不完整，所进行证明的 L 个视频帧构成的序列中出现了不可信帧，使得 FDigest 取值与

VP 中存储的值不一致。语句 10～12 表示更新 PCR_{cur}，让其值等于上一次证明正确的视频帧组哈希值，该哈希值为内容完整视频帧序列的迭代式哈希值。语句 13～15 与语句 4～6 的功能相同，语句 16 表示更新当前 AM 所远程证明的视频帧序号，该值为视频帧序列中的最大序号值。语句 17 表示当前没有进行新的视频帧远程证明要求，语句 19 表示对 PCR_{cur} 采用 TPM 的 AK 私钥进行签名。

采用上述代码在对视频帧进行远程证明时，视频帧证明长度 L 的取值可以是固定值，也可以是变化值，这取决于网络传输环境。若网络传输环境的安全性高，视频帧基本不可能出现被攻击现象，则 L 可以取值稍大；若网络容易遭受攻击，视频接收端的视频中极易出现不可信帧，则 L 的取值应该稍小，否则在对首次出现的不可信帧进行定位时，需要证明的视频帧序号范围较大，将花费较多时间，多次进行远程证明过程。

该不可信帧定位问题是从一组长度为 L 的视频帧序列中，查找首次出现的不可信帧。AM 此时在远程证明时，设置的证明长度为 1，即在 ACA 返回的结果中，若有视频帧组哈希值从"匹配"到"不匹配"的现象出现，则说明当前证明的视频帧为不可信帧。而在定位时，从不可信帧对该视频帧组哈希值的影响来看，有两种算法可供选择：从左至右定位（L2R）和从右至左定位（R2L）。若采用从右至左定位，则需要有视频帧组哈希值从"不匹配"到"匹配"的现象出现。

图 5-8 描述了在长度为 7 的视频帧序列中，出现不可信帧对整个序列 FDigest 的影响。第一行对应的情况为不可信帧出现在位置 7，此时视频帧序列前面 6 帧的 FDigest 正确；第二行对应的情况为不可信帧出现在位置 6，此时视频帧序列前面 5 帧的 FDigest 正确，视频帧序列后面的 6、7 帧的 FDigest 错误；……；最后一行对应的情况为不可信帧出现在位置 1，此时视频帧序列 1～7 帧的 FDigest 都是错误的。

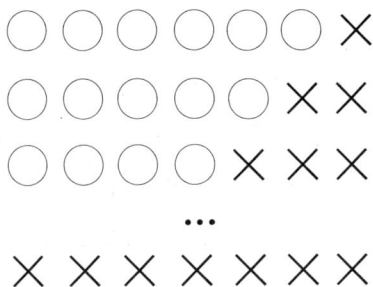

图 5-8　视频帧序列中不可信帧的影响

从理论角度分析两种定位方法的平均证明次数，从而选择合适的定位方法。令视频接收端获得的视频帧为可信帧的概率为 p，则其为不可信帧的概率为 $1-p$。为讨论方便，假设视频帧可信与否的概率服从独立同分布，则采用从左至右定位时，平均证明长度为 C_{L2R}，易知：

$$C_{L2R} = (1-p)\sum_{i=1}^{n} i \times p^{i-1} + n \times p^n \qquad （5-4）$$

式中，等号右侧第二项 $n \times p^n$ 对应着待证明长度为 n 的视频帧序列中全部为可信帧。若采用从右至左定位，则此时平均证明次数为 C_{R2L}，易知：

$$C_{R2L} = (1-p)\sum_{i=1}^{n-1} (i+1) \times p^{n-i} + (1-p) \times n + 1 \times p^n \qquad （5-5）$$

式中，等号右侧第二项 $(1-p) \times n$ 对应着第一帧为非可信帧；第三项 $1 \times p^n$ 对应着全部为可信帧。

图 5-9 所示为两种定位方法在不同证明长度 L 下的平均证明次数。从图中可以看出，随着概率 p 取值的增大，C_{L2R} 取值逐渐增大，C_{R2L} 取值逐渐减小。当证明长度 L 等于 5 时，若 p 小于 0.78，则从左至右定位的平均证明次数 C_{L2R} 小于从右至左定位的平均证明次数 C_{R2L}；若 p 大于 0.78，则从左至右定位的平均证明次数将大于从右至左定位的平均证明次数。当 L 分别等于 10、15、20 时，在 p 分别增大至 0.88、0.90、0.92 之前，从左至右定位的平均证明次数均小于从右至左定位的平均证明次数。这说明在网络环境较差、

证明长度 L 取值较大时，选择从左至右方法进行不可信帧定位可以获得较少的平均证明次数；在网络环境较好、证明长度 L 取值较小时，选择从右至左方法进行不可信帧定位可以获得较少的平均证明次数。

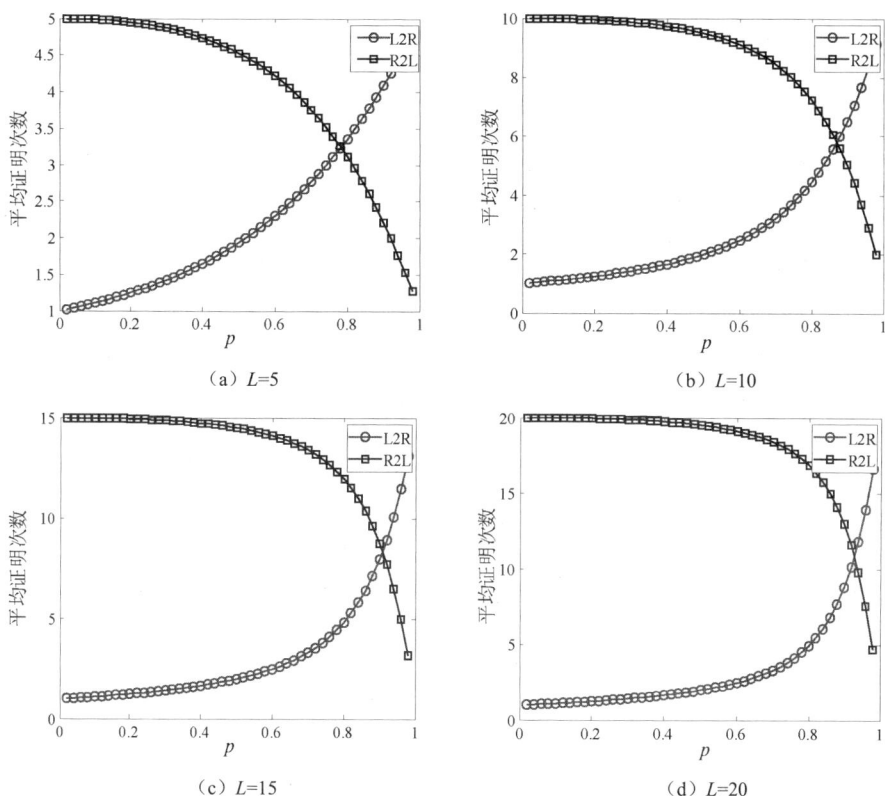

图 5-9　两种定位方法在不同证明长度 L 下的平均证明次数

对于从左至右方法和从右至左方法的曲线单调性，可以从视频帧序列在计算 FDigest 时的形式进行理解：当 p 较小时，即每个视频帧为不可信帧的概率很大，而根据式（5-2），此时较小区间的视频帧序列需要较少的远程证明次数就可使得 FDigest 出现错误，因此采用从左至右方法进行定位更容易找到首次出现的不可信帧；当 p 较大时，需要较大区间的视频帧序列，才能使得 FDigest 与 VP 中的值不匹配，首次出现的不可信帧更可能位于视频帧序列的尾部，所以采用从右至左方法进行定位更为合适。

5.4.2 实验仿真与结果分析

为测试 ACA 运行过程对视频接收端平台性能的影响，以及实际网络环境下的远程证明效果，本节采用实验仿真模拟基于 TPM 的视频远程证明模型。本实验采用 IBM 公司开发的 TPM 软件仿真器，该仿真器包含基于软件实现的 TPM、底层 TPM 命令函数调用库、测试用例等，TPM 版本为 TPM1.2。视频发送端与视频接收端系统均为 Windows 10 操作系统，视频接收端平台安装 TPM 软件仿真器，视频发送端与视频接收端应用程序采用 C++程序设计语言开发，采用多线程实现 VCA 与 ACA、VSA，VP 与 AM 之间的交互。视频接收端与视频发送端建立的通信过程、远程证明过程基于 TCP 协议实现，以保证双方的证明信息能够准确到达对方；视频内容的通信基于 UDP 实现，以模拟实际网络环境中视频数据包的传输过程。

本实验采用的测试视频与第 2 章实验仿真部分中用到的视频相同，为 JVT 视频集中三个视频："bus"、"city" 和 "mobile"。为便于实现，视频发送端采用原始视频帧形式进行发送，即对每帧数据分块后传输，视频接收端从网络接口获得分块数据并重新构成视频帧。针对重构后的视频帧，先计算哈希值，再进行播放或存储。在计算视频帧哈希值部分，可以对一个连续序列的视频帧进行合并计算，采用第 4 章用到的视频哈希技术，也可以对单个视频帧计算哈希值。

实验中考虑到对不可信帧进行定位的方便性，对每个视频帧单独采用 SHA-1 算法计算哈希值。若对一组视频帧序列计算一个哈希值，视频发送端验证此哈希值不正确，则只能表明该视频帧序列不完整，无法将不可信帧定位到具体的单个视频帧。

考虑 ACA 对 VCA 实时播放视频性能的影响，若视频接收端对获取的视频进行实时播放，则由于 ACA 对 AM 的响应会占用视频接收端 CPU 的计算时间，ACA 会利用这些时间进行视频帧哈希值计算、TPM 操作等，因此实验中将分析这种响应过程对视频接收端 CPU 运行状态的影响，并且采用 ACA 远程证明响应过程的 CPU 使用率来进行定量描述。CPU 使用率的计算方式为所测量线程代码段的执行时间除以这段代码执行期间的系统时间，系统时间与执行时间均包括内核时间和用户时间，通过调用 Windows API 库函数得到。

实验中记录 ACA 与 AM 每次进行视频帧远程证明时，ACA 计算 FrmsHash 过程中的 CPU 使用率，并且统计当证明长度 L 分别取值为 5、10、15 和 20 时，ACA 远程证明的平均 CPU 使用率。在视频帧全部为可信帧的条件下，视频接收端响应远程证明时的平均 CPU 使用率如图 5-10 所示。随着证明长度的增加，由于在计算 FDigest 时输入的哈希值序列更长，所需要的时间更多，因此平均 CPU 使用率有所增大；但 ACA 的平均 CPU 使用率基本在 5%～7%之间，对 VCA 实时播放视频造成的影响较小，播放的视频没有出现停滞现象。

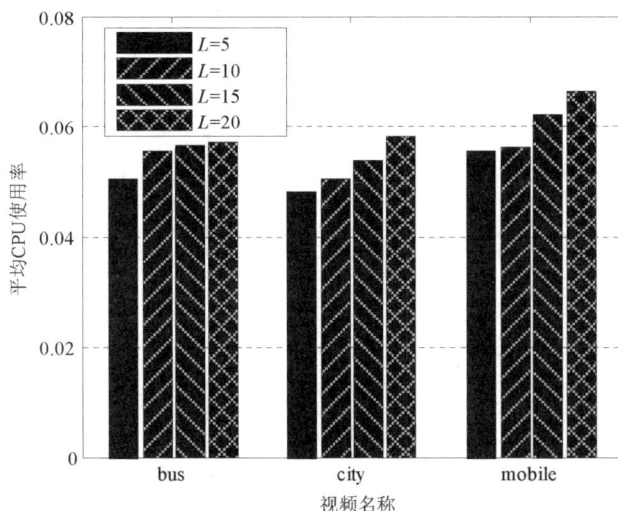

图 5-10　视频接收端响应远程证明时的平均 CPU 使用率（视频帧全部为可信帧）

而对于不可信帧条件下的远程证明，由于此时 VSA 停止发送视频，故 VCA 无法继续播放视频，视频接收端主要完成与 AM 之间不可信帧的定位。实验中为模拟网络攻击效果，对视频接收端获取的视频帧的哈希值序列进行了修改，使得修改后的哈希值序列与视频发送端 VP 中存储的哈希值序列不一致。根据设定的可信帧概率，确定所需要修改的哈希值数目 n，产生位于 1 到最大视频帧数目区间内的 n 个随机整数，并修改这 n 个随机整数对应视频帧的哈希值。分别记录三个视频在 AM 发现不可信帧时需要确定不可信帧序号的平均证明次数，如图 5-11 所示。

图 5-11（a）和图 5-11（b）所示分别为视频"bus"在证明长度为 5、15，可信帧概率为 0.9、0.8、0.7 和 0.6 情况下的平均证明次数；图 5-11（c）和图 5-11（d）分别为视频"city"在证明长度为 5、15，可信帧概率为 0.95、0.8、0.75 和 0.6 情况下的平均证明次数；图 5-11（e）和图 5-11（f）所示分别为视频"mobile"在证明长度为 10、20，可信帧概率为 0.95、0.8、0.75 和 0.6 情况下的平均证明次数。

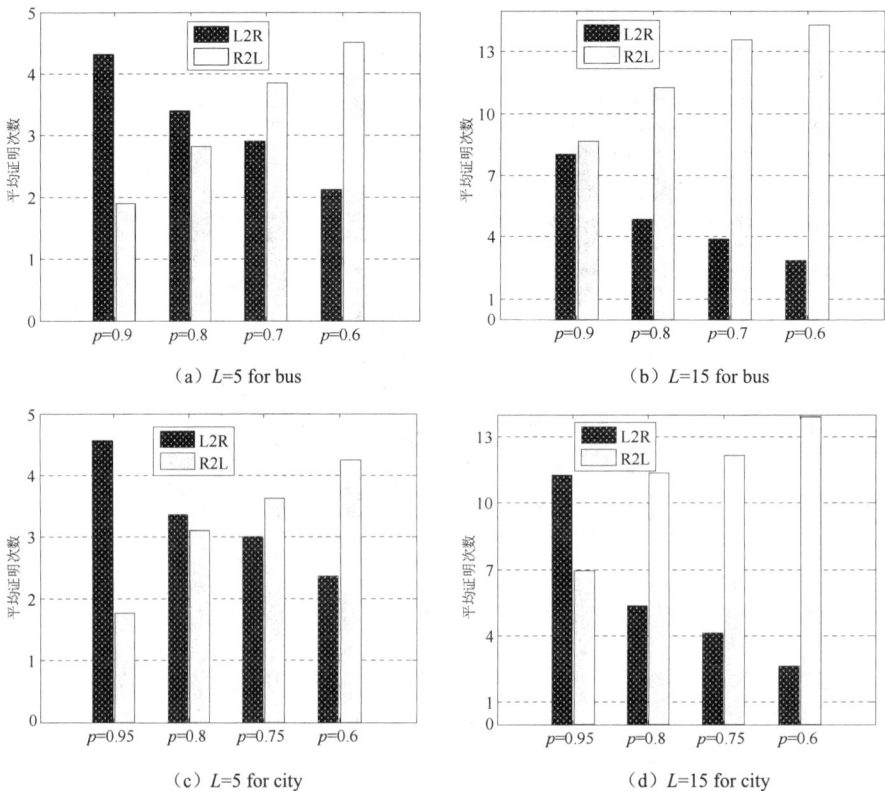

（a）L=5 for bus

（b）L=15 for bus

（c）L=5 for city

（d）L=15 for city

图 5-11　定位不可信帧时的平均证明次数比较

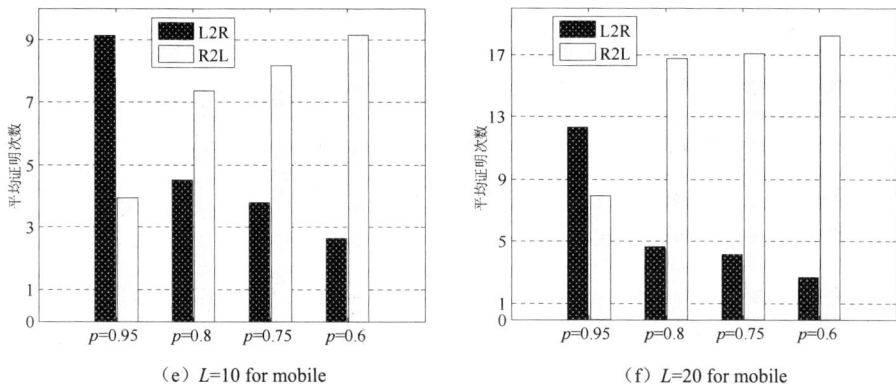

（e）L=10 for mobile　　　　　　（f）L=20 for mobile

图 5-11　定位不可信帧时的平均证明次数比较（续）

　　该结果表明，随着网络环境越来越不安全，即概率 p 越来越小，从左至右定位所需的平均证明次数越来越少，而从右至左定位则需要更多的平均证明次数。但在 p 较大，如 p 取值为 0.9 或 0.95 时，大部分情况下从右至左定位的性能更优。从总体上看，从左至右定位的效果更好，但在选择具体定位方法时需考虑具体网络环境、证明长度，这与前面的理论分析结果类似。

参考文献

[1]　WANG J, SHI Y, PENG G, et al. Survey on key technology development and application in trusted computing[J]. China Communications, 2016, 13 (11): 70-90.

[2]　马强，马建国，邢玲. 基于 TPM 的视频安全远程取证[J]. 电子科技大学学报, 2012, 41(5): 748-753.

[3]　徐明迪，张焕国，张帆. 可信系统信任链研究综述[J]. 电子学报, 2014, 42 (10): 2024-2031.

[4]　丁博，王怀民，史殿习. 一种支持软件可信演化的构件模型[J]. 软件学报, 2011, 22 (1): 17-27.

[5]　WINTER J, DIETRICH K. A hijacker's guide to communication interfaces of

the trusted platform module[J]. Computers and Mathematics with Applications, 2013, 65: 748-761.

[6] YU F J, CHEN J, XIANG Y, et al. An efficient anonymous remote attestation scheme for trusted computing based on improved CPK[J]. Electronic Commerce Research, 2019, 19:689-718.

[7] 杨波, 冯登国, 秦宇. 基于可信移动平台的直接匿名证明方案研究[J]. 计算机研究与发展, 2014, 51 (7): 1436-1445.

[8] 谭良, 陈菊. 一种可信终端运行环境远程证明方案[J]. 软件学报, 2014, 25 (6): 1273-1290.

[9] YANG L, MA J, LOU W, et al. A delegation based cross trusted domain direct anonymous attestation scheme[J]. Computer Networks, 2015, 81: 245-257.

[10] SEIFI Y, SURIADI S, FOO E, et al. Analysis of two authorization protocols using Colored Petri Nets[J]. International Journal of Information Security, 2015, 14 (3): 221-247.

[11] YU F J, ZHANG H G, ZHAO B, et al. A formal analysis of Trusted Platform Module 2.0 hash-based message authentication code authorization under digital rights management scenario[J]. Security and Communication Networks, 2016, 9 (15): 2802-2815.

[12] COHEN J C, ACHARYA S. Towards a trusted HDFS storage platform: mitigating threats to Hadoop infrastructures using hardware-accelerated encryption with TPM-rooted key protection[J]. Journal of Information Security and Applications, 2014, 19 (3): 224-244.

[13] PARK S J, WON J J, YOON J. A tiny hypervisor-based trusted geolocation framework with minimized TPM operations[J]. Journal of Systems and Software, 2016, 122: 202-214.

[14] YU Z, ZHANG W, DAI H. A trusted architecture for virtual machines on cloud servers with trusted platform module and certificate authority[J]. Journal of Signal Processing Systems, 2017, 86 (2): 327-336.

[15] HAMADEH H, CHAUDHURI S, TYAGIA A. Area, energy, and time assessment for a distributed TPM for distributed trust in IoT clusters[J]. Integration , the VLSI Journal, 2016: 1-7.

[16] 张文博, 包振山, 张建标. 基于可信计算的车联网云用户远程证明[J]. 华中科技大学学报（自然科学版）, 2016, 44 (3): 12-16.

[17] FU D, PENG X. TPM-based remote attestation for wireless sensor networks[J]. Tsinghua Science and Technology, 2016, 21 (3): 312-321.

[18] 邵诚, 钟梁高. 一种基于可信计算的工业控制系统信息安全解决方案[J]. 信息与控制, 2015, 44 (5): 628-633.

[19] TAN S, LI X, DONG Q. TrustR: an integrated router security framework for protecting computer networks[J]. IEEE Communications Letters, 2016, 20 (2): 376-379.

[20] HAO F, CLARKE D, ZORZO A F. Deleting secret data with public verifiability[J]. IEEE Transactions on Dependable and Secure Computing, 2016, 13 (6): 617-629.

第6章 基于非对称网络结构的共享视频认证技术

网络中的共享视频由于其内容在用户之间多次传输且传输网络具有开放性，因此其语义信息容易遭到破坏；传统的基于端对端的视频认证方式不适用于共享视频认证。一方面，原始的视频被上传至网络后，在网络中共享的过程中，视频的高层语义信息、底层语义信息可能因受到中间人攻击而被篡改，使得合法用户获得不安全、不可信的视频内容；另一方面，视频共享用户的身份也极易被攻击者伪装，使攻击者能够上传并在网络中共享非法视频。因此，需要从网络体系结构的角度研究共享视频的有效认证技术，保证视频共享网络环境的安全可信。

本章采用可信内容标引方式，在视频内容提供端生成合法的可信内容标引认证信息，并采用非对称的网络结构，以实现对共享视频内容的安全认证。首先对互联网结构下的共享视频的安全性进行了分析，描述了基于非对称网络结构的共享视频认证技术的基本思想；接着对非对称网络结构下共享视频认证框架与协议进行了描述，并且通过串空间模型对非对称网络结构下共享视频认证协议进行了安全性证明，分析了非对称网络结构下共享视频认证协议对中间人攻击的检测能力。

6.1 互联网结构下共享视频安全性分析

共享视频服务已成为互联网信息共享服务中的重要部分。目前，各大视频分享网站，如 Youku、Tudou、TikTok 等，均为用户提供视频上传、浏览、评论、下载、分享等多种服务，且共享视频服务具有用户与视频内容数量巨大、视频内容多次转发、跨平台传输的特点[1]。随着视频编辑软件的普及化、操作简便化，一些视频分享网站上的视频内容极易被用户修改、添加信息，并再次在网站上进行多次传输、分享，使原始视频内容的完整性遭到破坏。例如，对于网络上的两个视频内容，虽然两者的底层语义信息大致相同，但高层语义信息却不完全相同，如视频描述主题、作者、分类信息都不一致；而对于接收者而言，却无法有效判断哪个共享视频内容具有完整性。因此，有必要研究一种有效的认证方法，实现对共享网络上的视频内容的完整性，包括视频的底层语义信息和高层语义信息的有效认证。

传统的基于端到端的视频认证方式主要从视频发送端、视频接收端两者之间的通信过程出发，来保证视频内容的完整性。图 6-1 所示为基于用户传递关系的共享视频认证模式，视频 V 表示视频提供者 u 提供的源视频，并且该视频被用户 u 共享至其他用户 u_{11}、u_{12}、u_{13}、u_{14}，传输至 u_{11}、u_{12}、u_{13}、u_{14} 的视频分别用 V_{11}^1、V_{12}^1、V_{13}^1、V_{14}^1 表示，$V_{11}^1 \sim V_{14}^1$ 内容的完整性通过与视频 V 内容比较，采用可信内容标引 T 进行认证；用户 u_{12} 共享视频至用户 u_{21}，u_{21} 获得的视频用 V_{21}^1 表示，且 V_{21}^1 内容的完整性通过与视频 V_{12}^1 内容比较进行认证；依此类推，每个视频接收端对获取的视频内容进行完整性认证时，都与该视频的直接发送端发送的视频内容进行比较，而不是与源视频 V 的内容进行比较，因此仅能判断视频接收端获得的视频内容与其直接发送端的视频内容是否一致，无法判断与源视频的内容是否一致，安全性存在明显漏洞，如用户 u_{13} 篡改源视频 V 的语义信息，传统的基于端到端的视频认证方式仅能保证 u_{13} 到 u_{32} 的通信安全，无法保证用户 u_{32} 接收的视频 V_{32}^1 内容与源视频 V 的内容一致。

本章采用图 6-2 所示的基于可信内容标引的共享视频认证模式，在对任何用户所获取的视频内容进行安全性分析时，所采用的比较视频都是源视频内容[2]。如用户 u_{32} 在对获取的视频 V_{32}^1 内容进行完整性认证时，将其与源视

频 V 的内容进行比较，而不是与用户 u_{13} 所获取的视频 V'_{13} 的内容进行比较。对源视频 V 生成相应的可信内容标引 T_{ucl}，其他用户所获得的视频也将生成相应的可信内容标引，如 $T_{11}\sim T_{14}$，通过比较 T_{ucl} 与 $T_{11}\sim T_{14}$ 来判断视频接收端所获得的视频内容是否安全。由于该方法从源视频的角度实现了视频信息的可信认证，因此可以有效避免共享视频在互联网上被中间用户篡改，从而有效地实现互联网共享视频的可信认证。

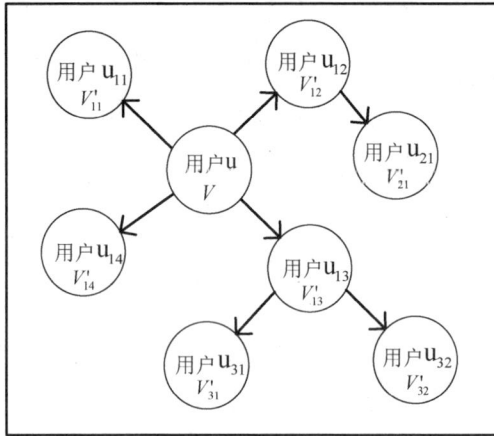

图 6-1　基于用户传递关系的共享视频认证模式

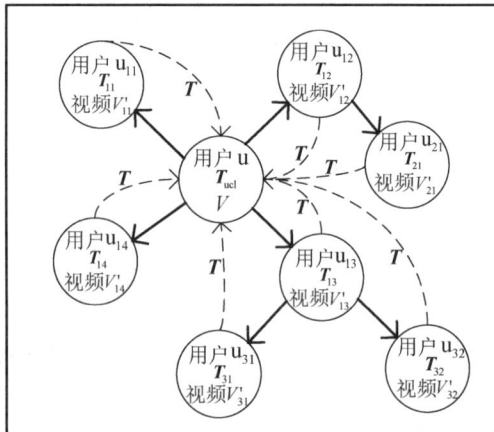

图 6-2　基于可信内容标引的共享视频认证模式

在实现基于可信内容标引的共享视频认证时，围绕视频内容与视频可信内容标引的传输过程进行分析，采用非对称的网络结构将视频内容与可信内容标引分开传输，即视频内容数据与视频的认证信息数据通过两个在逻辑上不同的信道传输，视频内容数据的共享传输与现有互联网共享网络传输方式一样，而认证信息数据的传输则基于 PKI 技术，通过认证中心保证认证信息的完整性。基于非对称网络结构实现共享视频的认证，采用可信内容标引生成共享视频的认证信息。下面将分析非对称网络结构下共享视频认证框架与协议，并采用形式化语言对非对称网络结构下共享视频认证协议的安全性进行详细证明。

6.2 非对称网络结构下共享视频认证框架与协议

6.2.1 非对称网络结构下共享视频认证框架

非对称网络结构下共享视频认证框架如图 6-3 所示，其中包含了两个逻辑传输信道：数据平面和认证平面。数据平面是用于传输视频内容的信道，认证平面是用于传输视频认证信息的信道，如实体间签名、视频可信内容标引。数据平面与认证平面在逻辑上分别为不同的信道，存在着传输带宽、安全保护等级方面的差别，具有非对称特点，因此采用非对称网络来定义该认证框架。

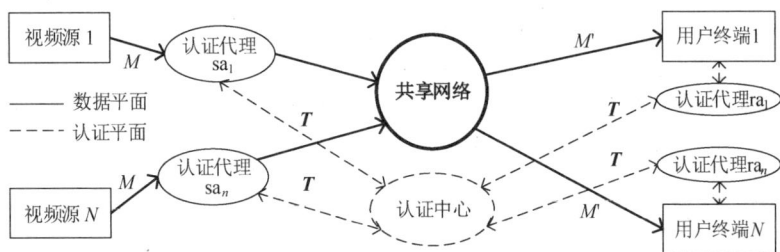

图 6-3 非对称网络结构下共享视频认证框架

定义 6.1 非对称网络结构指的是用于共享视频认证的数据平面与认证平

面的网络结构。

数据平面具有开放、不安全的特性，用来传输视频内容；认证平面具有相对封闭但安全的特性，用来传输视频的认证信息。两者在逻辑上互不隶属，在物理上都基于互联网结构。

在基于非对称网络结构的共享视频认证中，实体包括视频源、认证代理、共享网络、认证中心、用户终端。视频源是指提供共享视频资源的用户。认证代理分为视频发送端的认证代理与视频接收端的认证代理两类，视频发送端的认证代理是指能够对视频源进行身份认证、生成源视频的可信内容标引的服务提供者，可以是运行于视频网站中的一段程序，也可以是专门的认证服务网站；视频接收端的认证代理是指能够对从共享网络中获取的视频进行安全认证的服务提供者，可以是运行于视频网站中的一段程序，也可以是专门的认证服务网站。共享网络是指由互联网上共享网站所构成的视频分享网络。认证中心是指整个共享网络中能够向其他具有认证功能的实体颁发证书，并对其进行有效管理的具有最高认证权限的认证实体。用户终端是指共享视频的接收者。

认证平面中的认证中心采用 PKI 技术实现认证代理身份认证、证书颁发与管理、共享视频可信内容标引库管理功能。对于可信内容标引，认证中心建立了统一的标引库进行管理。认证中心从视频发送端的认证代理处接收传输而来的可信内容标引；视频接收端的认证代理提供标引库，以供可信内容标引信息查询，并将相应的可信内容标引传输至认证代理。

数据平面中的共享视频传输过程中的实体包括源视频发送端、认证代理、共享网络及视频接收端，该层次的网络并不提供对共享视频的安全认证，而由认证平面提供相应共享视频的安全认证，因此认证中心的标引库是认证框架中共享视频认证管理的核心，提供对视频接收端获得的视频进行安全认证比较的基准信息。

6.2.2 非对称网络结构下共享视频认证协议

采用非对称网络结构实现共享视频认证的过程主要包括初始化阶段、共享视频上传认证阶段和共享视频验证阶段。非对称网络结构下共享视频认证协议中使用的符号及其意义如表 6-1 所示。

表 6-1 非对称网络结构下共享视频认证协议中使用的符号及其意义

符号	意义
A	视频源，向共享网络上传视频
M	上传的共享视频内容
M'	接收的共享视频内容
T	共享视频的可信内容标引
sa	视频发送端的认证代理
ra	视频接收端的认证代理
ca	认证中心
B	用户终端
K_{p*}	实体*的公钥
N_*	实体*的随机数
R	返回给视频源或认证代理的结果提示

6.2.2.1 初始化阶段

初始化阶段主要完成视频源、认证代理、用户终端等实体的身份合法性认证、证书授权。在基于非对称网络结构的共享视频认证中，PKI 采用分层结构的 CA 认证模式，即非对称网络的认证平面中拥有一个最高层的 CA 根。非对称网络中其他认证代理都信任该认证中心 ca，并且由 ca 授予证书，如 ca<< sa >>、ca<< ra >>。非对称网络中的用户，即视频源、用户终端，则由认证代理授予证书，如 sa << A >>、ra << B>>。证书中存放了证书所有者用于非对称加密算法的公钥、版本号、签发者、有效期等信息，可用来向非对称网络中其他实体证明证书所有者的身份，也可以向其他实体分发公钥，保证双方通信的机密性、认证性、不可抵赖性。

6.2.2.2 共享视频上传认证阶段

共享视频上传认证过程：由视频源向认证代理发起请求，认证代理对视频源提供的视频进行安全认证，并且验证相应的可信内容标引是否安全，并将可信内容标引传输至认证中心。具体过程描述如下。

（1）A 向认证代理 sa 提出视频上传请求，认证代理 sa 对 A 的身份是否合法进行判断。为防止重放攻击，A 将自身标识信息和随机数 N_A 采用认证代理 sa 的公钥加密，以 $\{AN_A\}_{K_{psa}}$ 形式传输至认证代理 sa；若认证代理 sa 判断 A 是合法用户，则分配给 A 此次通信过程的随机数 N_{sa}，以 $\{saN_A N_{sa}\}_{K_{pA}}$ 形式传输至 A。

（2）A 获得认证代理发送过来的消息，通过私钥解码消息获得 N_A，判断该消息是否具有新鲜性。若消息具有新鲜性，则对上传的视频 M 生成相应的可信内容标引 T，将视频与可信内容标引以 $\{M\{ATN_{sa}\}_{K_{psa}}\}$ 形式传输至认证代理 sa。

（3）认证代理 sa 对接收到的消息进行解析，通过私钥解码消息获得 $\{ATN_{sa}\}$，若消息具有新鲜性，则通过可信内容标引 T 对视频 M 的高层语义信息和底层语义信息进行安全认证。若认证成功，则 R='Success'；否则 R='Failure'，并且发送消息 $\{saRN_A\}_{K_{pA}}$ 至 A。

（4）对于合法的共享视频 M，认证代理 sa 将 M 上传至共享网络，并且将对应的可信内容标引 T 上传至认证中心 ca。

认证代理 sa 将可信内容标引 T 上传至认证中心 ca 的过程采用与共享视频上传认证过程相似的步骤，利用随机数来保持协议的新鲜性，具体描述如下。

（1）认证代理 sa 向认证中心 ca 提出认证信息上传请求，并且传输形式为 $\{saN'_{sa}\}_{K_{pca}}$ 的消息。

（2）认证中心 ca 采用私钥对消息进行解码，若认证代理身份合法，则传输消息 $\{caN_{sa}' N_{ca}\}_{K_{psa}}$ 至认证代理 sa；否则结束通信过程。

（3）认证代理 sa 将可信内容标引 $\textbf{\textit{T}}$ 传输给认证中心 ca，消息形式为 $\{sa\textbf{\textit{T}}N_{ca}\}_{K_{pca}}$。

（4）认证中心 ca 获得可信内容标引，并将可信内容标引上传的结果返回认证代理 sa，消息形式为 $\{ca\textbf{\textit{T}}RN_{sa}'\}_{K_{psa}}$。

认证中心 ca 将从认证代理 sa 处获得的可信内容标引存放于认证中心的标引库中，以供后续接收者在对接收的共享视频进行安全认证时使用。图 6-4 所示为共享视频上传认证过程中的消息传递时序关系。其中，图 6-4（a）所示为 A 与认证代理 sa 之间的消息传递时序关系；图 6-4（b）所示为认证代理 sa 与认证中心 ca 之间的消息传递时序关系。节点 n_0 表示认证协议的入口点。

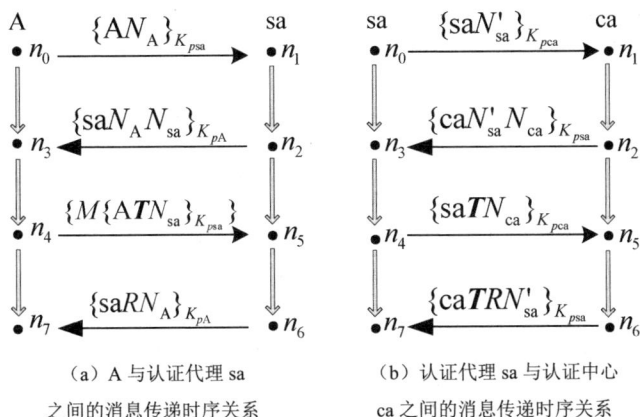

（a）A 与认证代理 sa 之间的消息传递时序关系

（b）认证代理 sa 与认证中心 ca 之间的消息传递时序关系

图 6-4　共享视频上传认证过程中的消息传递时序关系

6.2.2.3　共享视频验证阶段

共享视频验证阶段主要包括用户终端 B 向认证代理 ra 发出获取视频内容请求、认证代理 ra 向认证中心 ca 发出共享视频安全验证请求两个方面，具体过程描述如下。

（1）B 首先对接收的共享视频 M' 生成相应的可信内容标引 T'，并且与认证代理 ra 建立连接，发送消息，其形式为 $\{BN_B\}_{K_{pra}}$。

（2）认证代理 ra 确认 B 的身份是否合法，若非法，则结束通信过程；否则返回消息，其形式为 $\{raN_{ra}N_B\}_{K_{pB}}$。

（3）B 通过私钥对获得的消息进行解码，若判断消息具有新鲜性，则继续向认证代理 ra 发送消息，消息形式为 $\{BT'N_{ra}\}_{K_{pra}}$；否则结束通信过程。

（4）认证代理 ra 开始向认证中心 ca 发送消息验证该视频内容是否安全，采用随机数保持协议的新鲜性，消息形式为 $\{raN'_{ra}\}_{K_{pca}}$。

（5）认证中心 ca 判断认证代理 ra 身份的合法性，若认证代理 ra 非法，则结束通信过程；否则返回消息，其形式为 $\{caN'_{ra}N'_{ca}\}_{K_{pra}}$。

（6）认证代理 ra 对获得的消息进行解码，若消息新鲜，则提交可信内容标引认证消息，消息形式为 $\{raT'N'_{ca}\}_{K_{pca}}$。

（7）认证中心 ca 对消息 $\{raT'N'_{ca}\}_{K_{pca}}$ 进行解码，获得待认证的可信内容标引 T'，并在标引库中进行搜索，获得可信内容标引 T，若 $T = T'$，则表明视频内容具有完整性，$R=$'Success'，否则 $R=$'Failure'。认证中心 ca 向认证代理 ra 发送认证结果消息，其形式为 $\{caT'RN'_{ra}\}_{K_{pra}}$。

（8）认证代理 ra 对消息 $\{caT'RN'_{ra}\}_{K_{pra}}$ 解码后，向 B 发送消息，其形式为 $\{BT'RN_B\}_{K_{pB}}$。

（9）B 根据获得的消息进行相应的解码，若 $R=$'Success'，则断定视频 M' 内容完整，具有可信性；否则断定视频 M' 内容不完整，缺乏安全性。

共享视频验证过程中的消息传递时序关系如图 6-5 所示，其中协议入口点由 B 产生，认证代理 ra 与认证中心 ca 之间的消息交互过程为节点 $n_6 \sim n_{13}$ 之间的交互过程。

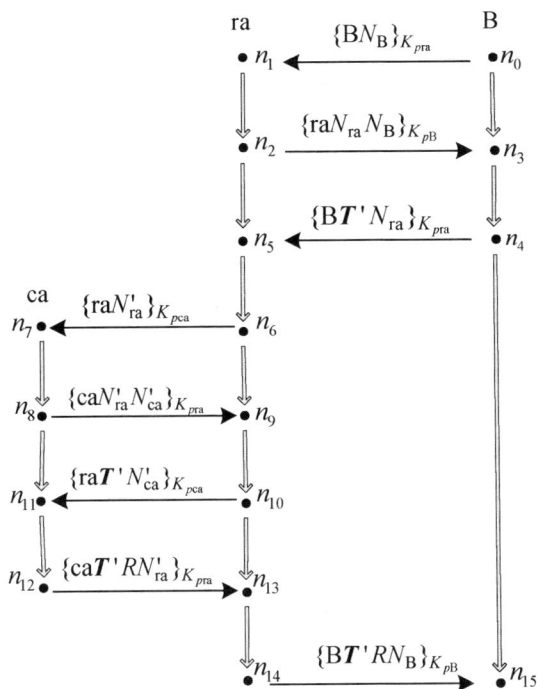

图 6-5 共享视频验证过程中的消息传递时序关系

6.3 非对称网络结构下共享视频认证协议的安全性证明

本节采用串空间模型（Strand Space Model，SSM）对非对称网络结构下共享视频认证协议的安全性进行理论证明。串空间模型通过协议中收发消息的关系建立图模型，它是一种基于形式化方式的协议安全性分析方法，能够有效描述消息之间的因果关系，在密钥协议的安全性分析中使用广泛[4-5]。串空间模型规范了攻击者的行为与背景，采用迹方法形象地描述了协议参与方或攻击者的行为流程。

6.3.1　串空间模型

定义 6.2 串指的是协议中参与方的一个事件序列，包括该参与方发送或接收的消息，消息由具体的字符、密钥或随机数构成。

对于协议中的参与方，串描述了该参与方在执行一次协议过程中所能够进行的行动。协议中不同参与方的行动通过不同的串来描述。对于协议中的攻击者，串描述了该攻击者所发出或接收的消息序列，该序列对攻击者的攻击能力进行了规范，如能够接收对称密钥和使用经该对称密钥加密后的密文，发送解密后的明文。

定义 6.3 串空间指的是一组串所构成的集合，既包含协议中合法用户的串，也包含攻击者的串。

定义 6.4 丛（Bundle）是串空间中的一个子集，包含一组串，其中部分串发送消息，另外的串则接收相应的消息。丛描述了串相互之间收发消息的通信过程。

通常在证明协议的正确性时，证明过程主要对协议中收发消息的新鲜性进行分析，如消息中的会话密钥、随机数。串空间模型在分析协议中消息数据项的新鲜性时，只需证明有且仅有一个能够产生包含该数据项消息的串，而其他串则接收该消息并对消息中的数据项进行处理后再次发送。

采用符号 Λ 表示协议中所有可能产生的消息集合，即集合中的消息可以被协议参与方发送或接收；采用集合 $\Pi = \{+,-\}$ 表示发送或接收消息，其中+表示协议参与方发送消息，$-$ 表示协议参与方接收消息；采用符号 $\sqsubset$ 表示子项关系，即若 $t_0 \sqsubset t_1$，则消息 t_1 中包含数据项目 t_0。

有符号数据项由 $< \pi, \alpha >$ 数据组合而成，其中 $\alpha \in \Lambda$，$\pi \in \Pi$，即 $\pi = +$ 或 $\pi = -$。为方便描述，将有符号数据项简写为 $+\alpha$ 或 $-\alpha$。采用 $(\pm \Lambda)^*$ 表示一组由正号或负号修饰的数据项所构成的序列，即 $(\pm \Lambda)^* = << \pi_1, \alpha_1 >, \cdots, < \pi_n, \alpha_n >>$。

集合 Λ 上的串空间由集合 Σ 及迹映射构成，其中迹映射 tr: $\Sigma \rightarrow (\pm\Lambda)^*$，后续为描述方便，将直接采用符号 Σ 表示串空间。

串空间 Σ 中节点、边、起源的定义如下。

串空间中的节点为 $<s,i>$，表示串 s 中第 i 个节点。其中，$s \in \Sigma$；i 为整数。所有节点的集合用 $\mathcal{N}$ 表示，每个节点都属于唯一的串。

若 $n=<s,i>\in\mathcal{N}$，则定义 index$(n)=i$，strand$(n)=s$，term(n) 表示串 s 中第 i 个有符号数据项，uns_term(n) 表示串 s 中第 i 个无符号数据项。若存在边 $n_1 \rightarrow n_2$，则此时需要满足关系 term$(n_1)=-$ term(n_2)，即箭头所指向的节点获得发出箭头的节点所发出的消息，该边表示串相互之间在消息发送时的因果联系。若 $n_1=<s,i>$，$n_2=<s,i+1>$，则存在边 $n_1 \Rightarrow n_2$，即节点 n_1 与节点 n_2 同时位于同一个串 s 上，但前一个节点是后一个节点在时序层次关系上的直接前件；采用边 $n' \Rightarrow^+ n$ 表示节点 n' 与节点 n 同时存在于同一个串上，前一个节点是后一个节点的前件，但从前一个节点到后一个节点之间可以存在零个或多个中间节点，且该中间节点也位于该串之上。

一个无符号数据项 t 发生于节点 n 的充要条件是 $t \sqsubset$ term(n)。若 I 是一组无符号数据项的集合，则节点 n 是 I 的入口点的充要条件是同时满足①term$(n) = +t$，$t \in I$；②当 $n' \Rightarrow^+ n$ 时，term$(n') \notin I$。

一个无符号数据项 t 起源于节点 $n \in \mathcal{N}$ 的充要条件是 n 是集合 $I=\{t': t \sqsubset t'\}$ 的入口点。一个无符号数据项 t 唯一起源于节点 n 的充要条件是 t 起源于唯一节点 $n \in \mathcal{N}$。由集合 $\mathcal{N}$ 及边 $n_1 \rightarrow n_2$、$n_1 \Rightarrow n_2$ 集合构成有向图 $<\mathcal{N}, (\rightarrow \cup \Rightarrow)>$。

因此，丛可以被看作有向图 $<\mathcal{N}, (\rightarrow \cup \Rightarrow)>$ 中的子图，即若 $\rightarrow_c \subset \rightarrow$、$\Rightarrow_c \subset \Rightarrow$，并且 $\mathcal{C}=<\mathcal{N}, (\rightarrow_c \cup \Rightarrow_c)>$，则 $\mathcal{C}$ 为有向图 $<\mathcal{N}, (\rightarrow \cup \Rightarrow)>$ 的子图。$\mathcal{C}$ 是丛的充分条件如下。

（1）C中的节点集合、边集合都具有有限性。

（2）若 $n_2 \in \mathcal{N}_c$ 并且 term(n_2)为负，则$\mathcal{N}$中存在唯一节点 n_1，使得 $n_1 \rightarrow_c n_2$。

（3）若 $n_2 \in \mathcal{N}_c$ 并且 $n_1 \Rightarrow n_2$，则 $n_1 \in \mathcal{N}_c$ 且 $n_1 \Rightarrow_c n_2$。

（4）C是非循环图。

从以上丛的图描述中可以看出，若某个串获得消息，则应该有一个发送该消息的节点，且该节点的个数应该为 1；若某个串中的节点发出消息，则多个串中的节点可以同时获得到该消息。若C是丛，则丛中串 s 的高度定义为最大取值 i，其中 $<s,i> \in C$，记作C-height(s)。

若S是一组边的集合，即$S \in \rightarrow \cup \Rightarrow$，则定义$\prec_s$为集合$S$的传递闭包；定义$\preceq_s$为集合$S$的自反的传递闭包。关系$\prec_s$与$\preceq_s$都是$\mathcal{N} \times \mathcal{N}$的子集，$\mathcal{N}$是集合$S$中边所对应节点的集合。

引理 6.1 若C是丛，则$\preceq_c$是一个偏序关系，即具有自反、反对称、传递的关系。从C中节点的任何非空子集都具有$\preceq_c$极小元。

关系$\preceq_s$描述了节点之间的因果关系。若$n \prec_s n'$存在，则意味着协议中节点 n 发出了消息，节点 n' 收到了相应的消息。

引理 6.2 若C是丛，$S \in C$，S是节点集合且满足以下条件：

$$\forall m、m',\ \text{uns\_term}(m) = \text{uns\_term}(m')$$

那么当且仅当$m' \in S$时，$m \in S$。若节点 n 是集合S中的$\preceq_c$极小元，则 n 的符号为正。

引理 6.2 可以通过反证法进行证明。若节点 n 的符号为负，则根据丛的充分条件（2）可知，在集合C中存在节点 n' 满足 $n' \rightarrow n$，从而使得 uns_term(n)=

uns_term(n' ），因此节点 n' 属于集合 $\mathcal{S}$，故节点 n 不会是集合 $\mathcal{S}$ 中的 $\preceq$ 极小元，与假设矛盾。

引理 6.3 若 $\mathcal{C}$ 是丛，数据项 $t \in \Lambda$，节点 n 是集合 $\{m \in \mathcal{C}: t \sqsubset \text{term}(m)\}$ 中的 $\preceq$ 极小元，且 $n \in \mathcal{C}$，那么节点 n 是 t 的起源节点。

根据引理 6.2，因为节点 n 是给定集合 $\{m \in \mathcal{C}: t \sqsubset \text{term}(m)\}$ 中的 $\preceq$ 极小元，数据项 $t \sqsubset \text{term}(n)$，故节点 n 的符号为正，为发出消息节点。若存在节点 n' 使得 $n' \Rightarrow^+ n$，则根据丛的充分条件（3）可知，$n' \in \mathcal{C}$。因此，根据节点 n 的极小元特点，t 不应该属于 $\text{term}(n')$，t 起源于节点 n。

在采用串空间模型对协议进行分析时，假定加密与解密算法本身是安全的，即攻击者无法对现有的算法实现破解。因此，采用以下两个公理。

公理 6.1 对于消息 m、$m' \in \Lambda$ 及密钥 K、$K' \in \mathcal{K}$，若 $\{m\}_K = \{m'\}_{K'}$，那么可以得知 $m = m'$，$K = K'$。

公理 6.2 对于消息 m_0、m_0'、m_1、$m_1' \in \Lambda$ 及密钥 K、$K' \in \mathcal{K}$，有以下结论：

（1）若 $m_0 m_1 = m_0' m_1'$，那么 $m_0 = m_0'$、$m_1 = m_1'$。

（2）$m_0 m_1 \neq \{m_0'\}_{K'}$。

（3）$m_0 m_1 \notin \mathcal{K} \cup \Lambda$。

（4）$\{m_0\}_K \notin \mathcal{K} \cup \Lambda$。

公理 6.1 说明不同内容的消息或密钥所对应生成的密文不会相同，公理 6.2 说明了消息与消息、消息与密文之间的关系。

在串空间模型中，攻击者所拥有的信息主要包括协议合法用户的公钥、攻击者自己的私钥。串空间包括攻击者串 p，其类型主要有以下几种：

（1）发送消息（M）：$< +t >$，其中 $t \in \Lambda$。

（2）接收消息（F）：$< -g >$。

（3）转发消息（Z）：$< -g, +g, +g >$。

（4）连接消息（C）：$< -g, -h, +gh >$。

（5）分解发送消息（S）：$< -gh, +g, +h >$。

（6）发送密钥（K）：$< +K >$，其中 $K \in \mathcal{K}_{\mathrm{p}}$。

（7）加密消息（E）：$< -K, -h, +\{h\}_K >$。

（8）解密消息（D）：$< -K^{-1}, -\{h\}_K, +h >$。

以上类型的攻击者串规定了攻击者所具有的能力，如对协议中消息的接收、转发、分解等。因此，一个受攻击的串空间既包含合法用户构成的串，也包含攻击者构成的串，前者串中的节点称为正规节点，后者串中的节点称为攻击节点。

采用串空间模型进行协议安全性证明的过程中，在考虑攻击者所有可能串的情况下，一些串空间节点集合中的极小元存在于正规节点或攻击节点，以此来判断协议安全与否。当极小元存在于正规节点时，说明协议是安全的；反之，说明协议是不安全的。串空间模型对协议合法用户或攻击者行为的描述适合用来证明认证协议中通常需要确认的一致性原则，即若协议中的实体 B 按照协议过程作为响应者，使用数据 x 执行一次协议，与协议中的实体 A 进行交互，那么存在唯一的实体 A 按照协议作为发起者，使用数据 x 执行一次协议，与实体 B 进行交互。

6.3.2 共享视频认证协议的串空间模型安全性证明

6.3.2.1 共享视频上传认证阶段的证明

定义包含合法用户与攻击者的串空间如下。

定义 6.5 一个包含攻击者的共享视频上传认证协议串空间 Σ 由以下 5 类串构成。

（1）初始化串 a，$a \in \text{Init}[A, \text{sa}, M, T, R, N_A, N_{\text{sa}}]$，其迹为 $< +\{AN_A\}_{K_{psa}}$，$-\{\text{sa}N_A N_{\text{sa}}\}_{K_{pA}}$，$+\{M\{ATN_{\text{sa}}\}_{K_{psa}}\}$，$-\{\text{sa}RN_A\}_{K_{pA}} >$。其中，$A, \text{sa} \in T_{\text{name}}$，$N_A, N_{\text{sa}} \in T_{\text{nonce}}$，$M \in T_{\text{video}}$，$T \in T_{\text{TUCL}}$，$R \in T_{\text{Result}}$，且 $T_{\text{name}} \cap T_{\text{nonce}} \cap T_{\text{video}} \cap T_{\text{TUCL}}$ $\cap T_{\text{Result}} = \varnothing$，$T_{\text{name}}$、$T_{\text{nonce}}$、$T_{\text{video}}$、$T_{\text{TUCL}}$、$T_{\text{Result}}$ 分别表示用户符号集、随机数集、视频集、可信内容标引集、完整性判断结果集，串空间中与该串对应的协议参与方是用户 A。

（2）响应串 s_1，$s_1 \in \text{Resp}[A, \text{sa}, M, T, R, N_A, N_{\text{sa}}]$，其迹为 $< -\{AN_A\}_{K_{psa}}$，$+\{\text{sa}N_A N_{\text{sa}}\}_{K_{pA}}$，$-\{M\{ATN_{\text{sa}}\}_{K_{psa}}\}$，$+\{\text{sa}RN_A\}_{K_{pA}} >$。其中，符号取值与（1）中定义相同，串空间中与该串对应的协议参与方是认证代理 sa。

（3）初始化串 s_2，$s_2 \in \text{Init}[\text{ca}, \text{sa}, T, R, N_{\text{sa}}', N_{\text{ca}}]$，其迹为 $< +\{\text{sa}N_{\text{sa}}'\}_{K_{pca}}$，$-\{\text{ca}N_{\text{sa}}' N_{\text{ca}}\}_{K_{psa}}$，$+\{\text{sa}TN_{\text{ca}}\}_{K_{pca}}$，$-\{\text{ca}TRN_{\text{sa}}'\}_{K_{psa}} >$。其中，$\text{ca}, \text{sa} \in T_{\text{name}}$，$N_{\text{ca}}, N_{\text{sa}}' \in T_{\text{nonce}}$，$T \in T_{\text{TUCL}}$，$R \in T_{\text{Result}}$，$T_{\text{name}} \cap T_{\text{nonce}} \cap T_{\text{video}} \cap T_{\text{TUCL}} \cap T_{\text{Result}} = \varnothing$，串空间中与该串对应的协议参与方是认证代理 sa。

（4）响应串 b，$b \in \text{Resp}[\text{ca}, \text{sa}, T, R, N_{\text{sa}}', N_{\text{ca}}]$，其迹为 $< -\{\text{sa}N_{\text{sa}}'\}_{K_{pca}}$，$+\{\text{ca}N_{\text{sa}}' N_{\text{ca}}\}_{K_{psa}}$，$-\{\text{sa}TN_{\text{ca}}\}_{K_{pca}}$，$+\{\text{ca}TRN_{\text{sa}}'\}_{K_{psa}} >$。其中符号取值与（3）中定义相同，串空间中与该串对应的协议参与方是认证中心 ca。

（5）攻击者串 p，$p \in \mathcal{P}$。

在对共享视频上传协议的安全性进行证明时，分别对用户与认证代理之间的安全性、认证代理与认证中心之间交互过程的安全性进行证明。

首先，证明用户与认证代理之间的安全性。针对认证代理的安全性，所需证明的命题如下。

命题 6.1 若Σ是定义 6.5 中所规定的串空间，$\mathcal{C}$是Σ中的一个丛，并且s_1是 Resp$[A, sa, M, T, R, N_A, N_{sa}]$中的一个串，$K_{pA}^{-1} \notin \mathcal{K}_p$且$N_A \neq N_{sa}$，$N_{sa}$唯一起源于串空间$\Sigma$，那么丛$\mathcal{C}$中包含一个初始化串$a$，$a \in$ Init$[A, sa, M, T, R, N_A, N_{sa}]$。

在对上述命题进行证明时，假设节点$<s_1, 2>$产生消息$\{saN_AN_{sa}\}_{K_{pA}}$，将该节点记作n_2，且将对应的数据项记作v_2；依此类推，节点$<s_1, 3>$接收消息$\{M\{ATN_{sa}\}_{K_{psa}}\}$，将该节点及其对应的数据项分别记作$n_5$和$v_5$。因此，需要证明存在额外的节点$n_3$和$n_4$，使得$n_2 \prec n_3 \prec n_4 \prec n_5$。以下将通过一系列的引理进行证明。

引理 6.4 N_{sa}起源于节点n_2。

证明：由命题 6.1 中的假设条件可知，$N_{sa} \sqsubset v_2$且节点n_2的符号为正。若存在节点n'，$n' = <s_1, 1>$，使得$N_{sa} \sqsubset n'$，又因为 term$(n') = \{AN_A\}_{K_{psa}}$，故需要$N_A = N_{sa}$，而这与假设条件矛盾，且$N_{sa} \notin T_{name}$。因此，$N_{sa}$起源于节点$n_2$。■

引理 6.5 集合$\mathcal{S} = \{n \in \mathcal{C} : N_S \sqsubset \text{term}(n) \wedge v_2 \not\sqsubset \text{term}(n)\}$具有极小元$n_4$，且该节点的符号为正，是正规节点。

证明：节点$n_5 \in \mathcal{C}$，且$N_{sa} \sqsubset n_5$，n_5不包含数据项v_2，故集合$\mathcal{S}$非空；由引理 6.1、引理 6.2 可知集合$\mathcal{S}$存在极小元，且符号为正，令该节点为n_4。

现证明节点n_4不可能存在于攻击者串p之中，下面将对所有可能的攻击方串形式进行讨论。

（1）M。此时攻击者串的迹 tr(p)为$<+t>$，若节点n_4存在于该串之中，

则需要满足 $t = N_{sa}$；那么数据项 N_{sa} 将起源于该串，这与引理 6.4 相矛盾，故节点 n_4 不存在于该串之中。

（2）F。此时攻击者串的迹 tr(p) 为 $<-g>$，因该攻击者串形式不具有正节点，故节点 n_4 不存在于该串之中。

（3）Z。此时攻击者串的迹 tr(p) 为 $<-g,+g,+g>$，因正节点出现两次，若 n_4 存在于该串之中，则数据项 N_{sa} 将不唯一起源于串空间，与命题中的条件矛盾，故 n_4 不存在于该串之中。

（4）C。此时攻击者串的迹 tr(p) 为 $<-g,-h,+gh>$，若节点 n_4 存在于该串之中，则需要 $N_{sa} \sqsubseteq gh \wedge v_2 \not\sqsubseteq gh$。令此时 $N_{sa} \sqsubseteq g$（另一种情况 $N_{sa} \sqsubseteq h$ 的推导过程类似），若要保证 n_4 是 $\mathcal{S}$ 中的极小元，则需要 $N_{sa} \sqsubseteq g \wedge v_2 \sqsubseteq g$；而如果 $v_2 \sqsubseteq g$，那么有 $v_2 \sqsubseteq gh$，与假定 n_4 存在于该串之中的条件相互矛盾，故 n_4 不存在于该串之中。

（5）K。此时攻击者串的迹 tr(p) 为 $<+K>$，$K \in \mathcal{K}_p$，若节点 n_4 存在于该串之中，则需要 $N_{sa} \sqsubseteq K$；而根据命题假设，$N_{sa} \not\sqsubseteq K$，故 n_4 不存在于该串之中。

（6）E。此时攻击者串的迹 tr(p) 为 $<-K,-h,+\{h\}_K>$，若节点 n_4 存在于该串之中，则要求 $N_{sa} \sqsubseteq \{h\}_K \wedge v_2 \not\sqsubseteq \{h\}_K$，而 $v_2 \not\sqsubseteq \{h\}_K$，因此 $N_{sa} \sqsubseteq h$；而 $v_2 \not\sqsubseteq h$，因此 $<p',2> \in \mathcal{S}$，与节点 n_4 是极小元矛盾。

（7）D。此时攻击者串的迹 tr(p) 为 $<-K^{-1},-\{h\}_K,+h>$，若节点 n_4 存在于该串之中，则要求 $N_{sa} \sqsubseteq h \wedge v_2 \not\sqsubseteq h$ 且 $v_2 \sqsubseteq \{h\}_K$。由公理 6.1 可知，此时需要满足 $h = sN_A N_{sa}$ 且 $K = K_{pA}$，因此要求 $K_{pA}^{-1} \in \mathcal{K}_p$，与假设条件矛盾，故 n_4 不存在于该串之中。

（8）S。此时攻击者串的迹 tr(p) 为 $<-gh,+g,+h>$，若节点 n_4 存在于该串之中，不妨令此时 term(n_4)=g（另一种情况 term(n_4)=h 的推导过程类似），

因为 $n_4 \in C$，所以 $N_{sa} \sqsubset g \wedge v_2 \not\sqsubset g$；而若 n_4 是 S 中的极小元，则需要满足 $v_2 \sqsubset gh$，否则与节点 n_4 是极小元相矛盾。因此，此时存在关系 $v_2 \sqsubset h$。

令集合 $T = \{m \in C : m \prec n_4 \wedge gh \sqsubset \mathrm{term}(m)\}$，此时节点 $< p,1 > \in T$，故集合非空，存在极小元节点 m，且该节点的符号为正。若 m 存在于攻击者串之中，则有以下可能。

（1）M、F、Z、K。这几种情况与前面证明节点 n_4 存在于攻击者串之中类似，极小元节点 m 不存在此类攻击者串之中。

（2）S。由集合 T 的定义可知，此时 $gh \sqsubset \mathrm{term}(m)$，若 m 存在于类型为 S 的攻击者串 p 之中，则 $gh \sqsubset \mathrm{term}(< p,1 >)$，因此节点 $< p,1 > \prec m$，与 m 是 T 中的极小元矛盾。

（3）E。若 $gh \sqsubset \mathrm{term}(m)$，则节点 m 是类型为 E 的攻击者串 p 中的正节点，$gh \sqsubset \mathrm{term}(< p,2 >)$，因此节点 $< p,2 > \prec m$，与 m 是 T 中的极小元矛盾。

（4）D。若 $gh \sqsubset \mathrm{term}(m)$，则节点 m 是类型为 D 的攻击者串 p 中的正节点，$gh \sqsubset \mathrm{term}(< p,2 >)$，因此节点 $< p,2 > \prec m$，与 m 是 T 中的极小元矛盾。

（5）C。若 $gh \sqsubset \mathrm{term}(m)$，则节点 m 是类型为 C 的攻击者串 p 中的正节点；攻击者串 p 的迹为 $< -g, -h, +gh >$；因此存在节点 $< p,1 > = \mathrm{term}(v_4)$，$< p,1 > \prec n_4$，这与节点 n_4 是集合 S 中的极小元矛盾。

若 m 存在于合法串之中，考虑到节点 m 由字符与加密项连接而成，并且节点 m 的符号为正，则此时节点 m 可能存在于初始化串 $a \in \mathrm{Init}[A, sa, M, T, R, N_A, N_{sa}]$ 之中，因此 $< a,3 > = m$，此时 $N_{sa} \sqsubset < a,2 >$，这与引理 6.4 矛盾。

因此，节点 n_4 存在于合法串之中，是正规节点。■

为证明串空间中存在与串 s_1 进行消息交互的合法串，需要说明该合法串

中包含 s_1 发出的消息，如图 6-6 所示，即存在节点 n_4 的前件，其数据项内容与 n_2 相同。

引理 6.6　包含节点 n_4 的串为 a，则在 a 中存在节点 n_3，使得 $n_3 \Rightarrow n_4$，并且 $n_3 = \{saN_A N_{sa}\}_{K_{pA}}$。

证明：由引理 6.4 可知，数据项 N_{sa} 起源于节点 n_2；而因为 $n_2 \sqsubset \text{term}(n_2)$、$n_4 \not\sqsubseteq \text{term}(n_2)$，故 $n_2 \neq n_4$，N_{sa} 不起源于节点 n_4。因此，在串 a 上存在一个节点 n_3，使得 $N_{sa} \sqsubset n_3$；由于节点 n_4 是极小元，故 $n_2 = \{saN_A N_{sa}\}_{K_{pA}} = \text{term}(n_3)$，$n_3 = \{saN_A N_{sa}\}_{K_{pA}}$。∎

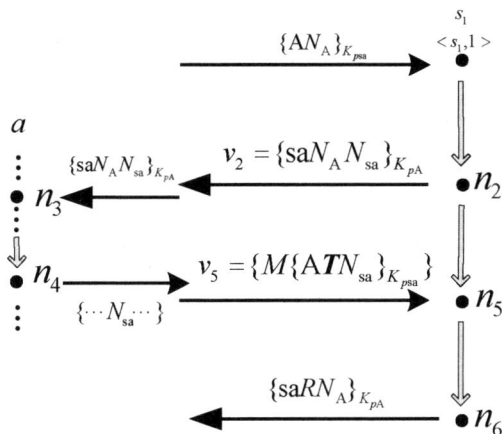

图 6-6　节点 n_4 所在的串 a 包含节点 n_3

引理 6.7　包含节点 n_3 和 n_4 的合法串 a 是丛 $\mathcal{C}$ 中的初始化串，且 $a \in \text{Init}[A, sa, M, T, R, N_A, N_{sa}]$。

证明：由于节点 n_4 的符号为正，而节点 n_3 的符号为负，因此合法串的可能形式为定义 6.5 中的（1）或（3）；由于数据项 N_{sa} 不起源于节点 n_4，故此时可知 a 的形式为 $\text{Init}[A, sa, M, T, R, N_A, N_{sa}]$，是一初始串。∎

对于命题 6.1 的证明，则可通过引理 6.6、引理 6.7 实现。

注意到在命题 6.1 的证明过程中，假定 N_A 唯一起源于串空间，此时可证明存在唯一的初始化串 a 满足该命题结论。若存在一初始化串 t，使得 $t \in \text{Init}[A, sa, M, T, R, N_A, N_{sa}]$，则 $N_A \sqsubset <t,1>$ 且节点 $<t,1>$ 的符号为正。因此，若数据项 N_A 唯一起源于串空间 Σ，则存在唯一的初始化串 t。

对认证代理协议中随机数 nonce 的安全性证明，由以下命题进行说明。

命题 6.2 若 Σ 是定义 6.5 中规定的串空间，C 是 Σ 中一个丛，并且 s_1 是 $\text{Resp}[A, sa, M, T, R, N_A, N_{sa}]$ 中一个串，$K_{pA}^{-1} \notin \mathcal{K}_p$、$K_a^{-1} \notin \mathcal{K}_p$，$N_A \neq N_{sa}$、$N_{sa}$ 唯一起源于串空间 Σ，那么丛 C 中所有满足 $N_{sa} \sqsubset \text{term}(m)$ 条件的节点集合中，$\{saN_A N_{sa}\}_{K_{pA}} \sqsubset \text{term}(m)$ 或者 $\{M\{ATN_{sa}\}_{K_{psa}}\} \sqsubset \text{term}(m)$，并且 $N_{sa} \neq \text{term}(m)$。

证明：与命题 6.1 的证明过程类似，首先将假定节点 $<s_1, 2>$ 与 $<s_1, 3>$ 分别记作 n_2 和 n_5。定义节点集合 $S = \{n \in C : N_{sa} \sqsubset \text{term}(n) \wedge n_2 \not\sqsubset \text{term}(n) \wedge n_5 \not\sqsubset \text{term}(n)\}$，若集合 S 为空，则表明认证代理随机数 N_{sa} 具有安全性，没有其他攻击节点能够获得 N_{sa} 信息。采用反证法进行证明，即假定集合 S 非空，则当中存在一个极小元，该极小元存在于合法串之中或攻击者串之中。

引理 6.8 集合 S 中的极小元不是合法串之中的节点。

证明：假定集合 S 中极小元为 m，则节点 m 存在于合法串之中且符号为正。以下将对不同形式的合法串分别进行讨论。

（1）若 m 存在于合法串 s_1 中，则 m 可能为 $<s_1, 2>$ 或者 $<s_1, 4>$；而 $n_2 = <s_1, 2>$，$N_{sa} \not\sqsubset \text{term}(<s_1, 4>)$，故此种情况不成立。

（2）若 m 存在于合法串 s_1' 中，且 $s_1' \neq s_1$、$s_1' \in \text{Resp}[A, sa, M, T, R, N_A, N_{sa}]$，那么 $m = <s_1', 2>$，此时根据响应串的形式，$\text{term}(m) = \{L, N', N\}_K$，其中加密项分别为用户标识、随机数、随机数。因为 $N_{sa} \sqsubset \text{term}(m)$，所以存在以下两种情况。

① 若 $N_{sa} = N'$；则易知 $N_{sa} \sqsubset \text{term}(<s_1', 1>)$，根据 $<s_1', 1>$ 形式，$n_2 \not\sqsubset \text{term}(<s_1', 1>)$ 且 $n_5 \not\sqsubset \text{term}(<s_1', 1>)$，所以 $<s_1', 1> \in S$ 且 $<s_1', 1> \prec m$，这与

m 是 $\mathcal{S}$ 中的极小元相互矛盾。

② 若 $N_{sa} = N$；则易知 N_{sa} 起源于节点 m，这与 N_{sa} 唯一起源于串空间 $\varSigma$ 相互矛盾。

（3）若 m 存在于合法串 s_1' 中，并且 $s_1' \in \mathrm{Init}[A, sa, M, \boldsymbol{T}, R, N_A, N_{sa}]$，则此时存在以下两种情况。

① 若 $m = \langle s_1', 1 \rangle$；易知 $N_{sa} \sqsubset \mathrm{term}(\langle s_1', 1 \rangle)$，则 N_{sa} 起源于节点 m，这与 N_{sa} 唯一起源于节点 n_2 相互矛盾。

② 若 $m = \langle s_1', 3 \rangle$，则 $N_{sa} \sqsubset \mathrm{term}(\langle s_1', 3 \rangle)$，根据节点 $\langle s_1', 3 \rangle$ 的形式与集合 $\mathcal{S}$ 的定义，$\langle s_1', 3 \rangle \neq \langle s_1, 4 \rangle$，故 $\langle s_1', 2 \rangle \in \mathcal{S}$ 且 $\langle s_1', 2 \rangle \prec m$，这与 m 是 $\mathcal{S}$ 中的极小元相互矛盾。

（4）若节点 m 存在于形式为 $\mathrm{Resp}[ca, sa, \boldsymbol{T}, R, N_{sa}', N_{ca}]$ 或 $\mathrm{Init}[ca, sa, \boldsymbol{T}, R, N_{sa}', N_{ca}]$ 的串中，则证明过程与（2）、（3）类似，可以推导出节点 m 不存在于此类合法串之中。∎

引理 6.9 集合 $\mathcal{S}$ 中的极小元不是攻击者串中的节点。

证明过程说明：该引理的证明过程与引理 6.5 中证明极小元不存在于攻击者串中的证明过程类似。命题 6.2 中的条件 $K_{pA}^{-1} \notin \mathcal{K}_p$ 是必要的，因为若 $K_{pA}^{-1} \in \mathcal{K}_p$，攻击者串的类型为 D，则可以直接对 $\langle s_1, 1 \rangle$ 节点的数据项进行解密并篡改 N_{sa}，从而与 N_{sa} 唯一起源于节点 n_2 相互矛盾。因此可以推导出集合 $\mathcal{S}$ 中的极小元不存在于攻击者串中。

通过引理 6.8、引理 6.9 可以证明命题 6.2，即说明了认证代理协议中随机数具有安全性。∎

认证代理对用户身份合法性的证明过程与命题 6.1、命题 6.2 的证明过程类似，通过以下两个命题可以分别实现认证代理对合法用户的安全性认证、合法用户协议中随机数的安全性认证。

命题 6.3 若Σ是定义 6.5 中规定的串空间，C是Σ中的一个丛，并且a是 Init[A, sa, M, T, R, N_A, N_{sa}] 中的一个串，$K_{pA}^{-1} \notin \mathcal{K}_p$，$N_A \neq N_{sa}$，$N_A$ 唯一起源于串空间Σ，那么丛C包含一个初始化串 s_1，$s_1 \in$ Resp[A, sa, M, T, R, N_A, N_{sa}]。

命题 6.4 若Σ是定义 6.5 中规定的串空间，C是Σ中的一个丛，并且a是 Init[A, sa, M, T, R, N_A, N_{sa}] 中的一个串，$K_{pA}^{-1} \notin \mathcal{K}_p$ 且 $N_A \neq N_{sa}$，N_A 唯一起源于串空间Σ，那么丛C中所有满足 $N_A \sqsubset$ term(m) 条件的节点集合中，$\{AN_A\}_{K_{psa}} \sqsubset$ term(m)、$\{saN_A N_{sa}\}_{K_{pA}} \sqsubset$ term(m) 或 $\{saRN_A\}_{K_{pA}} \sqsubset$ term(m)，且 $N_A \neq$ term(m)。

证明过程说明：命题 6.3 的证明过程与命题 6.1 的证明过程类似，首先证明数据项 N_A 起源于节点 $<a,1>$；接着证明节点集合 $\mathcal{S} = \{n \in C : N_A \sqsubset$ term(n) $\wedge <a,1> \not\sqsubset$ term(n)$\}$ 具有极小元，且存在于合法串之中；并且证明极小元所在的串形式为 Resp[A, sa, M, T, R, N_A, N_{sa}]。

命题 6.4 的证明过程与命题 6.2 的证明过程类似，通过对随机数可能所在的串进行讨论，推导出 N_A 对于认证代理来说，具有安全性。∎

通过命题 6.1～命题 6.4 证明了认证用户与认证代理之间通信协议的安全性。而根据图 6-4（b）与图 6-4（a）的相似性，采用类似的证明方法，也能够证明认证代理与认证中心之间通信协议的安全性，从而证明了视频共享上传认证阶段通信协议的安全性。

6.3.2.2　共享视频验证阶段的证明

下面将分析共享视频验证阶段通信协议的安全性。定义包含合法用户、认证代理、认证中心及攻击者串的串空间如下。

定义 6.6 一个包含攻击者的共享视频验证阶段的通信协议串空间Σ由以下 4 类串构成。

（1）初始化串 b，$b \in \mathrm{Init}[\mathrm{B},\mathrm{ra},\boldsymbol{T}',R,N_\mathrm{B},N_\mathrm{ra}]$，其迹为 $< +\{\mathrm{B}N_\mathrm{B}\}_{K_{pra}}$，$-\{\mathrm{ra}N_\mathrm{ra}N_\mathrm{B}\}_{K_{pB}}$，$+\{\mathrm{B}\boldsymbol{T}'N_\mathrm{ra}\}_{K_{pra}}$，$-\{\mathrm{B}\boldsymbol{T}'RN_\mathrm{B}\}_{K_{pB}} >$。

（2）认证代理串 r，$r \in \mathrm{Resp}[\mathrm{B},\mathrm{ra},\mathrm{ca},\boldsymbol{T}',R,N_\mathrm{B},N_\mathrm{ra},N'_\mathrm{ra},N'_\mathrm{ca}]$，其迹为 $<$ $-\{\mathrm{B}N_\mathrm{B}\}_{K_{pra}}$，$+\{\mathrm{ra}N_\mathrm{ra}N_\mathrm{B}\}_{K_{pB}}$，$-\{\mathrm{B}\boldsymbol{T}'N_\mathrm{ra}\}_{K_{pra}}$，$+\{\mathrm{ra}N'_\mathrm{ra}\}_{K_{pca}}$，$-\{\mathrm{ca}N'_\mathrm{ra}N'_\mathrm{ca}\}_{K_{pra}}$，$+\{\mathrm{ra}\boldsymbol{T}'N'_\mathrm{ca}\}_{K_{pca}}$，$-\{\mathrm{ca}\boldsymbol{T}'RN'_\mathrm{ra}\}_{K_{pra}}$，$+\{\mathrm{B}\boldsymbol{T}'RN_\mathrm{B}\}_{K_{pB}} >$。

（3）认证中心串 c，$c \in \mathrm{Resp}[\mathrm{ca},\mathrm{ra},\boldsymbol{T}',R,N'_\mathrm{ra},N'_\mathrm{ca}]$，其迹为 $< -\{\mathrm{ra}N'_\mathrm{ra}\}_{K_{pca}}$，$+\{\mathrm{ca}N'_\mathrm{ra}N'_\mathrm{ca}\}_{K_{pra}}$，$-\{\mathrm{ra}\boldsymbol{T}'N'_\mathrm{ca}\}_{K_{pca}}$，$+\{\mathrm{ca}\boldsymbol{T}'RN'_\mathrm{ra}\}_{K_{pra}} >$。

（4）攻击者串 p，$p \in \mathcal{P}$。

其中，$\mathrm{B},\mathrm{ca},\mathrm{ra} \in T_\mathrm{name}$ 且 $\mathrm{B} \neq \mathrm{ca} \neq \mathrm{ra}$，$N_\mathrm{B},N_\mathrm{ra},N'_\mathrm{ra},N'_\mathrm{ca} \in T_\mathrm{nonce}$ 且 $N_\mathrm{B} \neq N_\mathrm{ra} \neq N'_\mathrm{ra} \neq N'_\mathrm{ca}$，$\boldsymbol{T}' \in T_\mathrm{TUCL}$，$R \in T_\mathrm{Result}$，$T_\mathrm{name} \cap T_\mathrm{nonce} \cap T_\mathrm{TUCL} \cap T_\mathrm{Result} = \varnothing$。

共享视频验证阶段的安全性包括两方面：用户与认证代理之间消息的安全性、认证代理与认证中心之间消息的安全性。涉及的协议实体包含三个：用户、认证代理和认证中心。以下将分别针对每个实体，证明其与与之交互的实体之间消息的安全性。

命题 6.5 若 Σ 是定义 6.6 中规定的串空间，$\mathcal{C}$ 是 Σ 中的一个丛，并且 b 是 $\mathrm{Init}[\mathrm{B},\mathrm{ra},\boldsymbol{T}',R,N_\mathrm{B},N_\mathrm{ra}]$ 中的一个串，$K_{pB}^{-1} \notin \mathcal{K}_\mathrm{p}$，$N_\mathrm{B}$ 唯一起源于串空间 Σ，那么丛中包含一个认证代理串 r，$r \in \mathrm{Resp}[\mathrm{B},\mathrm{ra},\mathrm{ca},\boldsymbol{T}',R,N_\mathrm{B},N_\mathrm{ra},N'_\mathrm{ra},N'_\mathrm{ca}]$。

命题 6.6 若 Σ 是定义 6.6 中规定的串空间，$\mathcal{C}$ 是 Σ 中的一个丛，并且 b 是 $\mathrm{Init}[\mathrm{B},\mathrm{ra},\boldsymbol{T}',R,N_\mathrm{B},N_\mathrm{ra}]$ 中的一个串，$K_{pB}^{-1} \notin \mathcal{K}_\mathrm{p}$、$K_{pra}^{-1} \notin \mathcal{K}_\mathrm{p}$，$N_\mathrm{ra}$ 唯一起源于串空间 Σ，那么丛中所有满足 $N_\mathrm{ra} \sqsubset \mathrm{term}(m)$ 条件的节点集合中 $\{\mathrm{ra}N_\mathrm{ra}N_\mathrm{B}\}_{K_{pB}} \sqsubset \mathrm{term}(m)$ 或者 $\{\mathrm{B}\boldsymbol{T}'N_\mathrm{ra}\}_{K_{pra}} \sqsubset \mathrm{term}(m)$ 且 $N_\mathrm{ra} \neq \mathrm{term}(m)$。

证明过程说明：命题 6.5 的证明过程与命题 6.3 的证明过程类似，首先证明数据项 N_B 起源于节点 $<b,1>$，接着证明集合 $\mathcal{S} = \{n \in \mathcal{C} : N_\mathrm{B} \sqsubset \mathrm{term}(n) \wedge <b,1> \not\sqsubset \mathrm{term}(n)\}$ 中存在极小元，且符号为正，存在

于合法串之中。因为节点 $<b,1>\in \mathcal{S}$ ，故$\mathcal{S}$非空，所以$\mathcal{S}$中有极小元 n_2；通过对攻击者串形式的讨论，可以推断该 n_2 存在于合法串之中，而合法串的形式为$\mathrm{Resp}[\mathrm{B},\mathrm{ra},\mathrm{ca},\boldsymbol{T}',R,N_\mathrm{B},N_\mathrm{ra},N'_\mathrm{ra},N'_\mathrm{ca}]$或$\mathrm{Resp}[\mathrm{ca},\mathrm{ra},\boldsymbol{T}',R,N'_\mathrm{ra},N'_\mathrm{ca}]$。若 n_2 位于串c'，则$c'\in\mathrm{Resp}[\mathrm{ca},\mathrm{ra},\boldsymbol{T}',R,N'_\mathrm{ra},N'_\mathrm{ca}]$，那么 n_2 可能为$<c',2>$或$<c',4>$，此时需要满足 $N_\mathrm{B}=N'_\mathrm{ra}$ 或 $N_\mathrm{B}=N'_\mathrm{ca}$，这与命题条件相互矛盾。故 n_2 存在于合法串 r 之中， $r=\mathrm{Resp}[\mathrm{B},\mathrm{ra},\mathrm{ca},\boldsymbol{T}',R,N_\mathrm{B},N_\mathrm{ra},N'_\mathrm{ra},N'_\mathrm{ca}]$。

命题 6.6 的证明过程与命题 6.4 的证明过程类似，通过对串中所有合法节点的形式进行讨论，推断出 N_ra 对初始化串 b 具有安全性。

通过命题 6.5、命题 6.6 证明了用户与认证代理之间在对共享视频进行安全性认证时，从用户的角度考虑，通信协议具有安全性能够保证与之消息交互的认证代理 ra 的合法性、交互消息的新鲜性。考虑到图 6-5 中认证中心 ca 与认证代理 ra 之间的消息交互过程与图 6-4 中认证中心 ca 与认证代理 sa 之间消息交互过程形式的一致性，可以判断前者的通信协议是安全的，即从认证中心 ca 的角度考虑，与之交互的认证代理 ra 是合法的，交互消息具有新鲜性。

以下两个命题说明了从认证代理 ra 的角度考虑，与之交互的认证中心 ca、用户 B 具有安全性。

命题 6.7 若Σ是定义 6.6 中规定的串空间，$\mathcal{C}$是Σ中的一个丛，并且 ra 是 $\mathrm{Resp}[\mathrm{B},\mathrm{ra},\mathrm{ca},\boldsymbol{T}',R,N_\mathrm{B},N_\mathrm{ra},N'_\mathrm{ra},N'_\mathrm{ca}]$中的一个串，$K_{pra}^{-1}\notin\mathcal{K}_\mathrm{p}$，$N_\mathrm{ra}$、$N'_\mathrm{ra}$唯一起源于串空间$\Sigma$，那么丛中包含一个初始化串 b 和认证中心串 c，$b\in\mathrm{Init}[\mathrm{B},\mathrm{ra},\boldsymbol{T}',R,N_\mathrm{B},N_\mathrm{ra}]$、$c\in\mathrm{Resp}[\mathrm{ca},\mathrm{ra},\boldsymbol{T}',R,N'_\mathrm{ra},N'_\mathrm{ca}]$。

命题 6.8 若Σ是定义 6.6 中规定的串空间，$\mathcal{C}$是Σ中的一个丛，并且 ra 是 $\mathrm{Resp}[\mathrm{B},\mathrm{ra},\mathrm{ca},\boldsymbol{T}',R,N_\mathrm{B},N_\mathrm{ra},N'_\mathrm{ra},N'_\mathrm{ca}]$中的一个串，$K_{pra}^{-1}\notin\mathcal{K}_\mathrm{p}$、$K_{pB}^{-1}\notin\mathcal{K}_\mathrm{p}$、$K_{pca}^{-1}\notin\mathcal{K}_\mathrm{p}$，$N_\mathrm{ra}$、$N'_\mathrm{ra}$唯一起源于串空间$\Sigma$，那么在丛$\mathcal{C}$中所有满足$N_\mathrm{ra}\sqsubset\mathrm{term}(m)\vee N'_\mathrm{ra}\sqsubset\mathrm{term}(m)$条件的节点集合中，$\{\mathrm{ra}N_\mathrm{ra}N_\mathrm{B}\}_{K_{pB}}\sqsubset\mathrm{term}(m)$、

$\{\mathrm{B}\boldsymbol{T}'N_{\mathrm{ra}}\}_{K_{pra}} \sqsubset \mathrm{term}(m)$ 、　$\{\mathrm{ra}N'_{\mathrm{ra}}\}_{K_{pca}} \sqsubset \mathrm{term}(m)$ 、　$\{\mathrm{ca}N'_{\mathrm{ra}}N'_{\mathrm{ca}}\}_{K_{pra}} \sqsubset \mathrm{term}(m)$ 或 $\{\mathrm{ca}\boldsymbol{T}'RN'_{\mathrm{ra}}\}_{K_{pra}} \sqsubset \mathrm{term}(m)$ ，且 $N_{\mathrm{ra}} \neq \mathrm{term}(m)$ 、　$N'_{\mathrm{ra}} \neq \mathrm{term}(m)$ 。

证明过程说明：命题 6.8 的证明过程与命题 6.5 的证明过程类似。首先，证明数据项 N_{ra} 起源于节点 $<r,2>$ ，N'_{ra} 起源于节点 $<r,6>$ 。然后，证明集合 $\mathcal{S}_1 = \{n \in \mathcal{C}: N_{\mathrm{ra}} \sqsubset \mathrm{term}(n) \wedge <r,2> \not\sqsubseteq \mathrm{term}(n)\}$ 具有极小元 n_4 ，该节点的符号为正且存在于合法串之中；集合 $\mathcal{S}_2 = \{n \in \mathcal{C}: N'_{\mathrm{ra}} \sqsubset \mathrm{term}(n) \wedge <r,6> \not\sqsubseteq \mathrm{term}(n)\}$ 具有极小元 n_8 ，符号为正且存在于合法串之中，如图 6-7 所示。最后，证明节点 n_4 与 n_8 所在的合法串形式分别为 $\mathrm{Init}[\mathrm{B}, \mathrm{ra}, \boldsymbol{T}', R, N_{\mathrm{B}}, N_{\mathrm{ra}}]$ 和 $\mathrm{Resp}[\mathrm{ca}, \mathrm{ra}, \boldsymbol{T}', R, N'_{\mathrm{ra}}, N'_{\mathrm{ca}}]$ 。

命题 6.8 的证明过程与命题 6.6 的证明过程类似，可以推断出 N_{ra} 与 N'_{ra} 具有安全性，保证与认证代理 ra 交互的消息具有新鲜性。

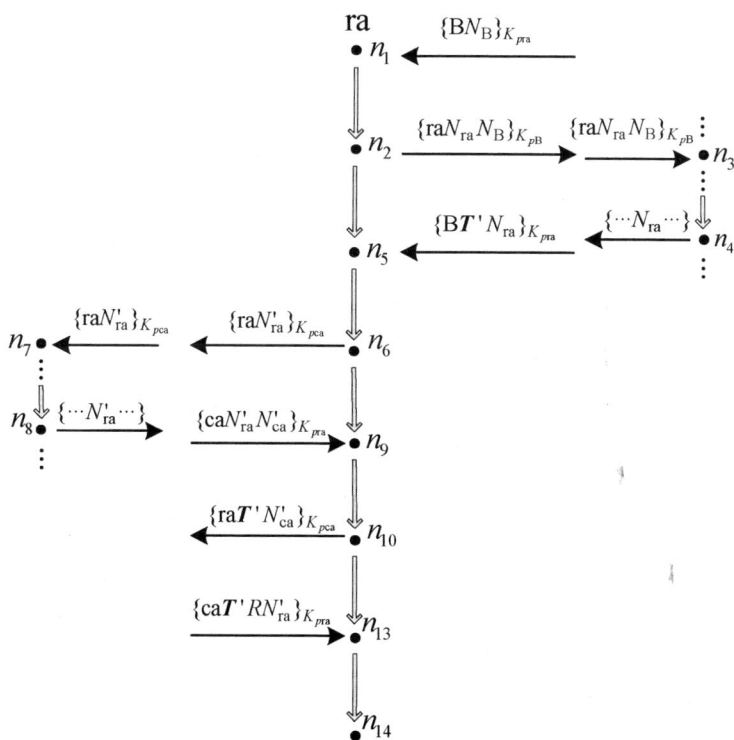

图 6-7　证明极小元 n_4 与 n_8 所在串的形式

通过上述命题，证明了共享视频上传认证阶段、共享视频验证阶段协议的安全性，该安全性主要保证协议参与方身份的合法性、交互消息的新鲜性。从命题的假设条件中可以看出，该安全性依赖于协议参与方私钥的保密性、协议过程中产生的各个随机数取值不相等的特点。

6.4 共享视频认证技术对视频攻击行为的检测分析

在 6.3 节中，主要针对基于非对称网络结构实现的共享视频上传认证阶段与共享视频验证阶段的协议进行了安全性证明，接下来将对共享网络中的视频攻击行为进行检测分析，以验证所提出的共享视频认证框架能够保证用户对接收到的视频内容的完整性进行正确判断。

令合法用户 A 向共享网络中提供的共享视频及可信内容标引为(V, T)，$T=(S\,H)$，接收端 B 获得的视频内容及提取的可信内容标引为(V', T')。考虑到共享网络的传输特点，B 不一定直接从 A 处获得共享视频，共享视频 V 从 A 到 B 之间可以经过多个用户、多个共享网络。当攻击者（此攻击者并不是共享网络中的合法用户，所产生的攻击行为不需要通过共享视频上传认证或共享视频验证阶段，而是在视频上传或下载过程中对共享视频 V 进行攻击，如通信过程中的中间人攻击）对共享网络中视频的语义进行攻击时，攻击方式有以下 3 种。

（1）若攻击者仅仅篡改视频的底层语义信息，如添加、修改或删除视频帧，则此时 $T'=(S\,H')$，B 通过共享视频认证框架中的认证平面与认证代理进行安全性认证；并且认证中心在标引库中查询，通过比较 H 与 H' 能够发现视频底层语义信息的完整性遭到了破坏，验证结果是 $R=$'Failure'。

（2）若攻击者仅仅篡改视频的高层语义信息，如篡改视频标题、来源、发布者等信息，那么接收端的可信内容标引为 $T'=<S'\ H>$，B 通过认证代理、认证中心在标引库中查询，若存在 $T_q=(S_q\ H_q)$ 使得 $S'=S_q$，则根据可信内容标引的无冲突性，此时有 $H_q\neq H'$，故 $R=$'Failure'；若不存在 T_q，则 R 取值为'Failure'。

（3）若攻击者同时篡改视频的高层语义信息、底层语义信息，则此时 $T'=(S'\ H')$，与情况（2）类似，若标引库中存在 $T_q=(S_q\ H_q)$ 使得 $S'=S_q$，则有以下 2 种情况。

① 若 $H_q\neq H'$，则返回认证结果'Failure'。

② 若 $H_q=H'$，则表明 B 接收到的视频是另外一个内容合法的视频，该视频内容无论是从高层语义信息来说，还是从底层语义信息来说，仍然是完整的，是由共享网络中其他合法用户上传并共享的，内容具有可信性，认证结果为'Success'。但此种情况若成立，从攻击者的意图来说，并没有实现其攻击视频的目的，即用户接收的视频内容本身没有遭到篡改。因此，所采用的共享视频认证框架是安全的。

若标引库中不存在 $T_q=(S_q\ H_q)$ 使得 $S'=S_q$，则此时返回认证结果'Failure'。

共享视频认证框架中的视频上传协议并没有对视频 V 进行加密，用户从共享网络中获得视频的过程也没有对视频 V 进行加密，主要从两个方面考虑：一是共享网络的用户接入端形式多样，设备处理能力相差较大，如移动设备的计算存储能力有限，若对视频进行加密将消耗较多的计算时间，降低接收端的视频服务质量；二是目前的共享网络（如视频分享网站）在用户与共享网络之间进行视频通信时，大部分没有提供视频加密过程。因此，在设计共享视频认证框架时，主要考虑通过可信内容标引来在认证平面实现视频内容的安全性认证。

在基于非对称网络结构的共享视频认证协议中，初始化阶段要求完成用户身份合法性的判断，认证代理仅允许合法用户向共享网络中上传或从共享网络中接收共享视频。协议中假定合法用户不会向共享网络中上传非法视频，非法视频是指用户接收、下载共享网络中的视频后先进行视频内容编辑（如修改高层语义信息或底层语义信息），再向共享网络中上传该视频内容，即合法用户不会对共享网络中的视频进行篡改。

因此，从整体上来看，本章提出的共享视频认证框架主要实现了共享视频内容完整性判断，包括对共享视频的认证与验证，认证协议能够检测共享视频在传输过程中遇到的中间人攻击。

参考文献

[1] WANG Z, LIU J, ZHU W. Social-aware video delivery: challenges, approaches, and directions[J]. IEEE Network, 2016, 30(5): 35-39.

[2] MA Q, XING L, WU B. Authentication strategy for information resources of asymmetric information sharing network[J]. Journal of Computational Information Systems, 2013: 9(8), 3181-3188.

[3] FABREGE F J T, HERZOG J C, GUTTMAN J D. Strand spaces: proving security protocols correct[J]. Journal of Computer Security, 1999, 7: 191-230.

[4] 冯伟, 冯登国. 基于串空间的可信计算协议分析[J]. 计算机学报, 2015, 38 (4): 701-716.

[5] XING L, MA Q, WU H, et al. General multimedia trust authentication framework for 5G networks[J]. Wireless Communications & Mobile Computing, 2018: 1-9.

第7章 在线社交网络环境中的共享视频认证技术

在线社交网络已成为人们在网络空间中进行信息共享的主要媒介。在线社交网络具有开放性、及时性、个性化服务特点，用户不仅可以和其他用户形成关注、追随的连接关系，还可以对在线社交网络中其他用户生成的内容进行评论，用户间的在线社交关系变得更加复杂。共享视频作为在线社交网络中信息分享的重要形式，面临着严重的安全威胁。一些恶意用户通过在线社交网络传播虚假视频，或者对在线社交网络中的共享视频进行恶意修改、恶意评价，导致该共享视频的可信度被恶意评估。因此，需要一种有效的方法对在线社交网络环境中的共享视频进行认证，对共享视频的可信度进行有效的评估。

首先，本章详细分析了在线社交网络的特性，归纳了在线社交网络信息共享的特点，对其中的安全威胁及特点进行了比较，指出了在线社交网络中共享视频面临的安全威胁与挑战；其次，提出了一种在线社交网络共享视频认证框架，并对框架中各部分的交互过程进行了详细说明；再次，提出了一种用于在线社交网络环境中共享视频的可信度评估方法，从共享视频的内容属性和社交属性的信任角度研究了可信度的融合策略；最后，通过实验仿真验证了所提出的在线社交网络共享视频可信度评估方法的有效性。

7.1 在线社交网络共享视频面临的安全威胁

7.1.1 在线社交网络的特性

随着网络服务和移动通信技术的进步，在线社交网络已成为人们在网络空间中实现信息交换与共享的主要媒介。著名的市场与消费数据统计公司 Statista 发布的报告显示，截止到 2024 年 6 月，全球在线社交网络活跃用户的数量超过了 50 亿人，其中使用移动智能终端的用户超过了 41 亿人。全球著名的在线社交软件上每天都有上百万的活跃用户在线，用户可通过多种在线社交软件实现在线社交服务。

在线社交网络的发展可以追溯到 1979 年成立的用户新闻分享网站 Usenet，该网站没有特定的服务器或管理中心，允许用户向新闻组发表文章或新闻。1988 年，Jarkko Oikarinen 开发了在线服务软件 IRC（Internet Relay Chat），该软件为用户提供文件分享、喜爱分享、保持线上联络等多种功能。1997 年成立的 Six Degrees 网站被认为是现代意义上的第一个社交网站。该网站允许用户创建个人画像，并且让用户能够和其他用户之间成为朋友关系。成立于 2002 年的社交网站 Friendster 至今仍拥有大量活跃用户。该社交网站允许用户发现朋友，能让用户与朋友的朋友建立朋友关系，扩大用户的社交网络关系。2003 年成立的社交网站 LinkedIn 主要服务于商业领域，允许用户创建个人画像，并且能让用户之间通过私密消息通道进行交流，从而有效地保护用户的隐私。

随着在线社交网络的发展，出现了一些提供多媒体综合服务的社交网站，这些社交网站的用户数据巨大且用户分布遍布全球[1]。

新浪微博作为国内著名的社交媒体平台，提供了多种在线社交服务。用户可以利用该平台发布自己的微博内容，也可以转发、评论、关注、搜索微博内容。新浪微博的在线社交服务具有实时性、便捷性、开放性等特点。同时，该平台开放了应用程序接口（Application Program Interface，API），使用户可以通过 API 直接发布照片、视频、文字等信息，提高了用户使用社交网络服务的体验。与新浪微博提供开放朋友关系服务不同的是，微信主要基于熟人关系建立在线社交网络。截至 2024 年上半年，微信及 Wechat 的活跃用户规模已达到 13.7 亿人。微信提供了多种在线社交服务，如通信、旅游、出行等，极大地丰富了人们的日常生活。微信用户可以对朋友圈设置不同的隐私保护策略，即可以让发布的内容对特定用户或用户群可见。

除了一些提供多媒体综合服务的社交媒体平台，国内也出现了一些面向特定用户或特定服务的社交媒体平台，如知乎、小红书、抖音、陌陌等。

知乎主要提供知识问答、优质解答分享、读书讨论会等综合知识交流服务，用户可以发布原创内容，也可以对其他用户发布的内容进行评论。

小红书结合电子商务功能，提供在线用户搜索日用品服务，形成了以社区、电商为特色的在线社交网络。

抖音作为时下非常受欢迎的短视频分享平台，为用户提供了视频发布、评论、点赞等功能，采用智能推荐算法提高用户黏度，用户之间可以相互关注、发送消息，形成以兴趣为中心的社交网络。

陌陌主要基于地理位置提供周边用户的关系建立服务，用户通过发送文字、图片等信息建立在线社交朋友关系。

无论是国外还是国内的在线社交服务，与传统的即时通信服务相比，都具有以下几个特点。

（1）连接性。在线社交网络中，用户关系不再局限于点到点，而是多点到多点。用户通过关注、追随等方式，可以连接到其他用户，并且能够以此获得其他用户的状态信息。

（2）交互性。交互性使得在线社交网络中的用户能够以公开或秘密的方式进行信息交流，其他用户能够查看公开的交互信息。交互也不仅仅局限于朋友关系，任何在线的陌生用户间都可以实现信息交流。

（3）及时性。在线社交网络中，用户的个人信息及发布的文字、图片、视频等内容可以实时展示在个人主页中，其他用户可以通过链接以主动或被动方式及时获得该用户的最新信息。

（4）聚集性。在线社交网络中，用户形成了以关注为主的朋友关系，关注关系通常是根据用户自身兴趣而产生的，即用户更加乐于关注具有和自己相同或类似兴趣的用户，因此在线社交网络内形成了一个个以兴趣为中心的社区。在线社交网络的聚集性也可能产生于现实中的社会聚集性，如公司同事关系、小区住户关系。这种社会聚集性使得社区内的用户交互更加频繁，而不同社区之间用户的交互则较少。

（5）个性化。在线社交网络中的用户不再仅仅是信息内容的消费者，更是信息内容的生产者。每个用户可以设置自己的个人画像或个人主页，也可以生成自己的内容，通过社交网络平台发布自己的内容，而内容形式也多种多样，如文字、语音、图片和视频。

（6）开放性。通常情况下，用户不需要付费，仅仅通过设置用户名或昵称就能接入在线社交网络，这种平台的开放性使得在线社交网络积累了大量用户；用户可以免费发布自己生成的内容，也可以对其他用户发布的公开内容进行浏览、点评、转发、点赞等操作，这种用户生成内容的开放性提高了在线社交网络用户的使用体验，增加了在线社交网络用户的活跃度。

（7）社交搜索功能。目前，大部分在线社交网络都提供社交搜索服务，用户可以通过关键字、用户名等搜索特定内容或用户，也可以采用遍历社交网络图的方式查看用户的关注列表，寻找新的可能的感兴趣用户；社交搜索功能极大地提升了用户建立新在线社交关系的能力，丰富了用户使用在线社交网络的体验。

（8）隐私性。在线社交网络对用户的个人主页信息、用户的生成内容等提供了隐私保护策略。用户可以选择并设置哪些信息可以被哪些用户访问，如用户的个人画像、用户的关注信息、用户上传的信息等，用户也可以对自己生成的内容设置不同的分享等级，如私密、公开、仅向朋友公开等。

（9）不安全性。由于在线社交网络具有开放性等特点，因此不安全性也是在线社交网络不可忽视的一个特点。一方面恶意用户能够轻易地接入在线社交网络、发布虚假或非法的内容，如发布谣言、侵权等；另一方面，合法用户的生成内容也容易被恶意用户攻击，如恶意点评、篡改等。

7.1.2　在线社交网络中的安全威胁及特点

良好的在线社交网络发展需要充分考虑到其社交网络的特点，开发出具有较好性能的在线社交网络服务，如提高用户社交搜索能力、增强用户的个性化体验等。其中，在线社交网络的安全性是最重要的、需要花费大量精力研究的方面。安全威胁制约着在线社交网络的健康发展[2]。目前，在线社交网络的安全威胁主要包括两方面：传统的网络安全威胁和在线社交网络环境中的安全威胁。传统的网络安全威胁包括恶意软件攻击、钓鱼攻击、垃圾信息攻击、跨站点脚本攻击等；在线社交网络环境中的安全威胁包括假冒攻击、反匿名攻击、虚假画像、信息泄露、合谋攻击等。

在线社交网络中的恶意软件是指一段能够利用在线社交网络结构、在线社交网络用户关系来恶意破坏用户权益的代码。该恶意软件通过窃取在线社交网络用户的合法凭证，伪装成合法用户向在线社交网络中与其有社交关系的其他用户发送信息；并且恶意软件通常不需要经过在线社交网络用户的允许，即可自动执行。Koobface 是在线社交网络中第一个被发现的恶意软件，当其成功侵入目标主机后，会搜索宿主机器上的用户个人登录信息，通过社交媒体平台向其他用户发送信息，一旦其他用户点击接收到的信息，其机器将感染恶意软件。这些被 Koobface 侵入的主机通常被看作"僵尸"机器，大量"僵尸"机器构成了"僵尸"网络。攻击者可以通过"僵尸"网络实施更具破坏性的攻击行为，如分布式拒绝服务（Distributed Denial of Service，DDoS）攻击、发送大量垃圾信息等。

钓鱼攻击通常是指攻击者通过在一些虚假或真实网络上设置诱饵，欺骗用户点击或下载安装恶意软件，以达到非法搜集用户隐私信息的目的。攻击者所设置的诱饵通常是看上去和合法信息差不多的内容，如将小写字母"o"替换成数字"0"，将小写字母"l"替换成数字"1"，以此欺骗用户，使其上当。这些诱饵通常以广告、插件等形式出现在网站上。网站可以是攻击者自己建立的，也可以是被攻击了的合法站点。在线社交网络环境中的钓鱼攻击则是在传统的钓鱼攻击的基础上充分利用了在线社交网络的社交朋友关系。由于在在线社交网络中，用户更加容易信任朋友或朋友的朋友，因此攻击者往往利用这种朋友间的信任，实施社交工程攻击。例如，钓鱼攻击引诱用户登录虚假的页面，并且将该虚假的登录页面置于个人介绍中，吸引用户的朋友也点击、登录这个虚假的页面[3]。钓鱼攻击利用了在线社交网络中用户的朋友信任关系，传播速度可以达到指数级别，给用户造成巨大的损失。

垃圾信息攻击通常是指攻击者利用电子消息信息系统向目标用户发送大量不需要的电子信息，如垃圾广告、垃圾短信，使目标用户的生活、工作受到影响。在线社交网络环境中的垃圾信息攻击具有传播速度快、破坏力强的特点。在在线社交网络中，垃圾信息攻击实施者利用社交媒体平台，生成虚假的个人主页信息，通过点评、私信等方式向其他用户发送垃圾信息。由于在线社交网络中用户之间的连接性、社交媒体平台的开放性，垃圾信息攻击实施者可以轻易地实现垃圾信息发送。发送方式可以是点到点、点到群体等方式，如攻击者在一条热度很高的帖子下面进行点评，但点评内容却是与帖子毫不相关的垃圾内容，目的是让浏览这条帖子的用户看到垃圾内容。

跨站点脚本攻击是指攻击者利用网页的漏洞，通过向网页中的脚本注入恶意代码来实施攻击。恶意代码的注入方式可以是攻击者向服务器中的数据库中直接注入代码，也可以是在服务器中注入跨站链接，由跨站链接返回恶意代码。用户的浏览器或应用程序在访问这些网页时，恶意代码会随着脚本的运行而执行，从而搜集用户的敏感信息、记录用户的访问记录或按键记录、盗用用户的金融账号信息等。在线社交网络中的跨站点脚本攻击利用在线社交网络中的用户关系，以蠕虫方式在在线社交网络的用户间进行传播[4]。

与传统的网络安全威胁相比，在线社交网络环境中的安全威胁具有充分利用在线社交网络特性的特点，且仅攻击社交媒体平台[5]。例如，针对在线社交网络中用户个人信息的假冒攻击，攻击者在社交媒体平台搜集某个学校学生的个人画像及这个学生的朋友列表，由于朋友列表里大概率会是该学生的同学，因此攻击者可以利用朋友列表里某个同学的信息，伪装成该学校的学生，并向该学校其他学生发起好友连接请求。若该学校的学生接受并同意了攻击者的好友请求，则攻击者将可能看到这些学生的非公开个人信息。攻击者也可以通过假冒攻击，获得该学生的所有信息，并实施其他社交工程攻击。

在线社交网络通常会提供一定程度的个人隐私与安全保护策略，如允许用户采用匿名而不是真实的名字与其他人进行线上交流。反匿名攻击是指攻击者利用用户在在线社交网络中的信息，综合地判断、推理出用户的真实信息。攻击者可以利用用户的信息，包括用户的朋友列表信息、所加入的组信息、用户的行为信息等。Krishnamurthy 等人认为，第三方有能力由在线社交网络中泄露的用户链接信息推测出用户的真实身份[6]。攻击者也可以采用账号匹配的方式，从多个社交媒体平台中查找现实世界中的同一个客体用户，从而获取用户的身份、用户的行为等信息。

在线社交网络中的用户会产生大量的个人信息、活动行为信息。通常，在线社交网络需要用户建立自己的个人主页，用户需要上传自己的照片到个人主页中，大部分照片都包含了用户的人脸。这些在线社交网络中大量用户的人脸头像构成了百万级别的人脸数据库，且用户上传的照片通常以公开的形式发表，即任何人都可以查看这些照片。Acquisti 等人的研究证实了在线社交网络中的人脸照片可以被攻击者用来进行隐私攻击[7]。该研究采用了三种方式来破解用户的隐私信息，即"在线-在线"方式、"离线-在线"方式和敏感信息推测方式。"在线-在线"方式是指利用用户在在线社交网络中的照片，采用人脸识别技术匹配其他在线社交平台上的用户，从而发现两个在线社交平台中的同一个实体用户，以获得用户更多的个人隐私信息；"离线-在线"方式是指利用在线社交网络中的照片识别现实中经过校园中某栋建筑的学生，从而将线上的个人信息和校园中的个人联系起来；敏感信息推测方式是指根据在线社交网络中的照片推测用户的敏感信息，包括姓名、个人爱好、行为、出生日期、社会保障号码等。因此，攻击者可能利用在线社交网络中的用户人脸信息，实施多种方式的攻击，以获取用户的隐私信息。

在线社交网络通常会提供一些基于位置的服务，这类服务要求用户将当前的位置信息提供给服务器，服务器利用这些位置信息提供基于位置的商家推荐、目的地导航等服务；用户提供的位置信息不仅仅局限于一个坐标点，而是用户使用在线社交服务过程中产生的一系列坐标序列，即用户的轨迹信息。用户在在线社交网络上发布照片或视频等信息时，在线社交网络常常会将用户的位置信息一起发布。用户的位置或轨迹信息通常隐含了用户的兴趣爱好、宗教信仰等敏感信息，若这些信息被攻击者利用，则用户的隐私将受到极大的破坏[8]。Halder 等人提出了基于用户朋友的发布内容和位置推测用户经常活动的区域的方法[9]；Li 等人提出了通过用户披露的位置信息推测用户的年龄、性别、教育程度等隐私信息的方法[10]。

由于在线社交网络对用户接入具有开放性，因此用户仅需要通过简单的注册便可成为在线社交网络中的合法用户。虚假个人画像攻击或巫师攻击是指攻击者伪装成多个社交账号的用户，这些用户由机器自动或半自动地生成个人画像信息。攻击者利用这些虚假的社交账号或机器人账号实施社交工程攻击[11]。例如，攻击者利用虚假的社交账号对目标用户发起好友请求，搜集目标用户仅对好友可见的个人数据；攻击者利用大量虚假的社交账号恶意影响在线社交网络中的统计分析结果或者影响在线社交网络舆情，从而对政治生态、经济形势造成威胁[12]。目前，虚假账号的产生、出售与使用已经形成了一定规模的产业链。例如，在商业领域，攻击者利用虚假账号传播对手品牌的虚假消息，破坏对手品牌的声誉；在政治选举领域，攻击者利用虚假账号来传播虚假新闻，使对方的个人信誉受损，降低对方的支持率，从而为自己赢得选举创造条件。

在线社交网络中的身份克隆攻击是指攻击者完全复制目标用户在某在线社交网络中的个人信息，并在该在线社交网络或另外的在线社交网络创建所复制的用户的个人信息，从而达到伪装目标用户的目的。攻击者通过身份克隆的社交账号向目标用户的好友发起连接，赢取好友的信任，以便搜集目标用户好友的敏感信息或实施网络欺诈[13]。

在线社交网络中的点击劫持攻击是指攻击者利用视觉欺骗引诱用户点击在线社交网络中的链接，让用户不经意地点赞某条帖子、下载恶意软件，或者打开摄像头、麦克风权限等来记录用户的个人信息[14]。攻击者想要用户点击的链接通常被隐藏在网页或窗口中。该攻击可能是攻击者的恶作剧，但若结合钓鱼攻击、垃圾信息攻击或跨站点脚本攻击，则会给在线社交网络中的用户带来极大的安全隐患。例如，在在线社交网络中出现的劫持攻击，攻击者发布一条消息，该消息中隐藏了一个网络地址链接；当某个用户点击该消息时，这则消息将自动传播，并会在该用户的个人主页中发出，该攻击通过用户的社交关系迅速在在线社交网络中扩散，给用户使用在线社交网络带来极差的体验。

7.1.3　在线社交网络共享视频安全性分析

目前，人们的相互交流与沟通越来越离不开在线社交网络。相较于文字、图片等信息形式，视频因具有较丰富的语义表达能力、信息理解速度快等特点而成了在线社交网络信息共享的主要方式。在线社交网络中的共享视频受到越来越多用户的喜爱。截止到 2023 年 3 月，全球非常火的短视频分享平台 TikTok 的全球用户数已经达到了 18 亿人，超过 90% 的用户每天访问该平台的次数超过 1 次。用户生成视频或短视频，通过在线社交网络发布并分享给其他用户已成为其表达思想、记录日常生活的重要方式。

由于在线社交网络具有开放、交互、及时等特点，因此在线社交网络中共享视频的传输与分享容易遭受安全威胁。一些虚假的、恶意剪辑的共享视频在在线社交网络中传输时，极易造成谣言扩散、误导用户的后果，甚至引起不必要的、坏的社会舆情。因此，在线社交网络用户在浏览共享视频时，所获得的共享视频内容是否可信是一个值得深入研究的问题。从总的方面来看，共享视频的可信主要包含了以下 3 方面的内容。

（1）共享视频分享者身份的可信。

通常，用户在在线社交网络平台注册成功后，便可通过平台发布共享视频。然而，由于在线社交网络平台缺乏对用户所发布视频所有者身份的有效检测，因此一些非法用户或恶意用户会盗取他人的视频，并宣称自己是被盗共享视频的拥有者。共享视频语义信息的破坏对共享视频的版权构成威胁。除此之外，在线社交网络平台中的一些用户虽然满足了平台对用户的基本注册要求，提供了相应的个人信息，但这些身份信息可能是虚假、伪造的，这些用户可能传播非法视频，极易对国家、社会的安全构成威胁。因此，寻找一种能有效评估共享视频分享者身份可信度的方法是实现在线社交网络环境可信的重要部分。

（2）共享视频信息的可信。

在线社交网络中共享视频信息的可信是在线社交网络共享视频安全的关键。随着多媒体技术的发展，一些用于视频制作与编辑的软件、工具在网络上随处可见，对视频进行编辑也变得越来越容易，如对在线社交网络中已经传播的共享视频进行恶意的拼接、裁剪，或对在线社交网络中传播的图片、文字、音频进行非线性编辑。因此，在线社交网络中用户浏览的共享视频可能是恶意用户或攻击者利用视频编辑工具制作的虚假视频，共享视频所描述的语义信息是不完整、不安全的，视频的内容缺乏可信度。一些具有较高流行度或热度的共享视频传播范围广，所观看的用户数量巨大，对这些共享视频信息的可信度进行有效的评估是在线社交网络保障安全、可信服务的关键。

（3）共享视频的社交信息可信。

用户除可以观看在线社交网络中的共享视频外，还可以对共享视频进行操作，如点评、点赞、推荐、举报等。这些操作反映了用户对共享视频内容的兴趣程度，也体现了用户对共享视频语义信息的信任情况。共享视频在在线社交网络中获得的这类社交信息是由用户进行交互产生的，这类社交信息也成了共享视频内容语义信息的一部分。用户在浏览共享视频时，对视频内容的理解会受到这类社交信息的影响。例如，用户对被大量用户点赞的共享视频更加认可，对朋友推荐的共享视频更加信任。然而，一些恶意用户或攻击者对共享视频故意提供错误或虚假的恶意社交信息，如恶意评论视频、恶意举报等。其他用户在浏览到这类共享视频时，极有可能被误导，认为共享视频内容不可信。因此，如何有效地降低这类恶意操作对共享视频语义内容信任评估的影响也是在线社交网络中共享视频可信度评估需要考虑的问题。

现有的关于在线社交网络可信度的研究主要集中在用户可信和用户生成内容可信方面。用户可信指的是用户身份的可信，用户生成内容可信指的是用户在在线社交网络中生成的帖子、文字等内容的可信[15]。用户可信主要通过分析在线社交网络的拓扑结构，建立用户之间的社交关系网络，分析用户相互间的交互频次，综合各种社交联系因素来获得。例如，Zheng 等人[16]提出用户可信需要从四个方面进行考虑，即连接关系强度、社交影响范围、信息价值和信息传输控制能力，用户间的信任通过节点度的信誉值进行量化，四个因素通过熵权重矩阵进行计算。Imran 等人[17]利用语义本体技术，对跨社交媒体平台的用户身份信息进行融合，研究了多种在线社交网络中用户可信的完整性问题。Gong 等人[18]采用不确定性理论计算推荐用户的信任，该信任建立在节点的直接信任基础之上，形成了基于信任质量和路径长度的信任链。Jiang 等人[19]提出基于用户属性相似度、交互习惯、公开好友数量和时间衰减因子来计算用户的信任，该信任主要用来计算直接信任，对信任的动态变化具有较好的适应性。Akilal 等人[20]考虑到在线社交网络中用户的信任与不信任问题，从易受骗性、能力和互助三个方面来计算信任和不信任，该方法简单、计算速度快，但没有考虑到用户间的交互语义信息、用户间的相似性，对用户身份信任的评估不够全面。

针对用户生成内容可信的研究主要采用语义分析、机器学习技术分析用户在在线社交网络中生成的视频内容的可信度。例如，Pasi 等人[21]提出了一种基于多准则和先验知识的信任决策方法，使用分类策略对用户生成内容的信任度和虚假度进行判断。Jain 等人[22]采用自然语言处理技术对用户生成内容生成特征向量，利用逻辑回归方法对真实和虚假评论进行分类，该方法对识别虚假内容具有较好的准确度。Cardinale 等人[23]开发了一种针对社交媒体平台中的用户帖子进行信任度评估的插件，通过考虑关键字、用户身份、社交关系等因素计算帖子内容的可信度，用户身份的信任通过用户账号属性进行度量，社交关系信任通过计算关注者和被关注者数量进行计算，该框架具有较好的扩展性和应用性，但没有考虑到用户间的相互影响及用户的相似度。

针对在线社交网络中共享视频的信任，除从用户可信、用户生成内容可信的角度进行研究外，还有部分研究直接分析视频信息的可信。此类方法的特点是分析视频的高层语义信息，通过机器学习理解视频表达的概念，以判断视频内容安全与否。例如，Xu 等人[24]提出了一种基于纹理特征向量和支持向量机的虚假视频检测方法，纹理特征向量包括待检测区域的亮度变化、灰度值相关矩阵和小波变化系数。Caldelli 等人[25]采用视觉光流法检测相邻视频帧间的时域结构特征的相似度，发现视频中的虚假部分，该方法采用卷积神经网络来区分真实与虚假视频，能够较好地识别合成视频，但由于其基于视频帧、图像像素级别进行处理，因此模型训练与检测需要大量的时间。Pan 等人[26]提出了一种基于全景与背景不相似度的虚假人脸视频检测方法。Fernando 等人[27]提出了利用基于层次注意力机制的记忆网络检测虚假视频的方法。Selvaraj 等人[28]利用推土机距离（Earth Mover's Distance，EMD）来测量视频帧间的相似度，以此来识别异常的视频，导致视频异常的操作包括视频帧插入、视频帧删除和视频帧重复，该方法的缺点是不能检测到视频起始位置和结束位置的异常。He 等人[29]针对视频质量比特率的可信问题，提出了一种基于混合深度学习网络的检测方法，该方法通过分析视频压缩率特征来发现低质量、高比特率的虚假视频。

通过机器学习或深度学习方法分析视频表达的概念，以评估视频的可信性，最大的不足之处在于视频表达的概念识别效率较低，对视频信息是否可信的判断效果较差。有部分研究通过确保视频在网络中的传输安全来保证接收端获得完整、可信的视频。例如，Sun 等人[30]提出了一种基于滑动窗口的视频帧序列认证方法，以确保接收视频的安全。Ma 等人[31]提出采用解码关系图拓扑排序算法实现 H.264 视频的安全认证，通过非均等质量保护策略实现接收端在丢包率、网络负载受限条件下获得最佳的视频质量，该方法主要从视频的发送端与接收端角度研究视频的安全性，发送端与接收端通常只有一个，而在线社交网络中视频的接收端通常有多个，因此不适用于保证在线社交网络中的共享视频安全。

在视频信息的可信度及可信管理方面，现有的研究主要分析视频的多个属性特点，通过综合这些属性计算视频的可信度。例如，孙鹏等人[32]针对视频的可信度，提出了一种多因素综合计算方法，因素包括视频内容、人物、时间、地点、过程、事件、程度和原因。该方法能够有效量化视频的可信度，但主要基于视频内容本身分析视频的可信度，无法适用于在线社交网络中共享视频可信度的计算。Mada 等人[33]考虑到在线社交网络中共享视频安全的管理问题，提出了一种基于信任的共享视频管理框架，计算共享视频的恶意概率，通过马尔可夫决策法管理共享视频是否可以上传到网络中。该方法通过最小化计算负载来优化网络管理，但忽略了在线社交网络中用户之间的交互性对共享视频可信度的评估影响。

虽然目前已有的方法在一定程度上解决了视频的安全问题，但它们忽略了在线社交网络中用户之间的关系、在线社交网络的结构对共享视频可信度的影响，如用户在判断共享视频是否安全可信时往往受到朋友关系的影响[34]。因此，在线社交网络中用户的关系、用户之间的影响因素是研究在线社交网络中共享视频可信度不可或缺的部分。本章提出了一种融合共享视频内容属性可信度与共享视频社交属性可信度的共享视频可信度评估方法，以提高在线社交网络环境中共享视频可信度评估的准确性。

7.2 在线社交网络共享视频认证框架

在线社交网络共享视频认证的目的在于为共享视频的浏览用户提供一种可靠的共享视频可信度评估方法，让用户对从在线社交网络中获得的共享视频的可信度有清楚的认识，如哪些共享视频可信度低、不值得信任等。在线社交网络共享视频认证框架如图 7-1 所示，其中包括 5 部分，即用户代理、在线社交网络、视频数据库、用户数据库和视频可信度计算模块。这 5 部分相互协作，向发起共享视频可信度请求的用户提供可信度计算。

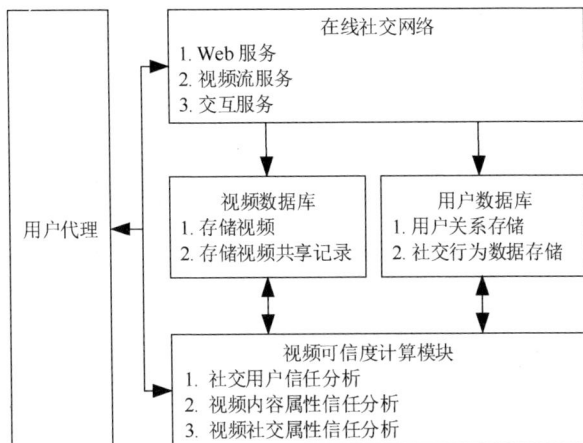

图 7-1　在线社交网络共享视频认证框架

在线社交网络共享视频认证框架中各部分的功能具体如下。

1. 用户代理

用户代理主要代理了在在线社交网络中上传、浏览共享视频的现实世界的实体用户。用户代理通常是安装在智能终端设备上的应用程序，如浏览器、智能终端应用程序等。用户代理的身份需要在线社交网络进行认证，即通过用户的身份认证来实现用户代理的安全认证。非法用户或恶意用户无法通过用户代理登录或接入在线社交网络。用户代理最重要的功能是提供用户与在线社交网络交互的接口，用户可以通过该接口上传共享视频，也可以通过该接口进行社交行为，如与在线社交网络中的其他用户形成朋友关系、点评或举报在线社交网络中的共享视频等。同时，用户代理还可以与视频可信度计算模块进行交互，实现共享视频可信度计算的请求与接收。

2. 在线社交网络

在线社交网络是在线社交网络中用户之间交互、进行信息共享的平台。它提供 Web 服务以使用户能够与之进行交互。用户能够在在线社交网络中进行注册与登录。合法用户能够向在线社交网络上传视频，并且能够共享给其他用户。在线社交网络提供视频流服务，可以使视频以流的形式上传或播放。为提高视频流传输的安全性，防止视频在传输过程中被篡改，在线社交网络可以采用加密或认证的方式，保证视频流的安全传输。在线社交网络允许用户对共享视频进行打分、举报、点赞或差评，并且能够记录这些社交行为数据，在共享视频与该共享视频的社交属性之间建立映射关系。用户能够通过在线社交网络关注其他用户，用户之间的社交关注关系能够被记录和保存。在线社交网络同时与视频数据库、用户数据库进行交互，后两者可以作为单独的模块进行开发和维护，如可以让受信任的第三方来管理视频数据库和用户数据库，也可以将视频数据库和用户数据库作为在线社交网络相对独立的功能单元。

3. 视频数据库

视频数据库主要有两个功能：存储视频和存储视频共享记录。视频存储的是用户上传的共享视频，包括视频内容及视频内容的元数据。视频内容的元数据是对视频语义信息的描述，是构建视频高层语义信息的基础，也是后续分析视频内容属性可信度的重要依据。视频共享记录存储的是共享视频在在线社交网络中所获得的社交属性数据，这些社交属性数据包括上传该共享视频的用户名，浏览该共享视频的用户集合及这些浏览用户对共享视频的社交行为集合。例如，分析某个共享视频的共享记录信息，可以获得浏览该共享视频的用户对该视频的信任程度。用户对共享视频的信任是通过社交行为来体现的，如对视频的点赞或差评。在计算共享视频的可信度时，需要利用视频共享记录数据。

4. 用户数据库

用户数据库存储了在线社交网络中的用户属性、用户之间的关系及用户对共享视频的社交行为。在线社交网络中的用户之间通过虚拟的关系进行连接，并构成一张庞大的结构图。这些关系包括用户间的单向关注、双向关注。关注关系在某种程度上反映了用户相互间的影响。例如，某个用户对共享视频的看法很有可能受到该用户朋友对该视频看法的影响。用户对共享视频的社交行为数据记录了用户对所浏览的共享视频的社交行为。这些数据中包含用户对共享视频内容是否信任的信息。虽然视频数据库与用户数据库都包含了用户对共享视频的社交行为数据，但两者的数据具有形式上的显著差别。视频数据库中存放的用户对共享视频的社交行为数据是以视频为关键字进行索引的，用户数据库中存放的用户对共享视频的社交行为数据则是以用户名为关键字进行索引的。视频可信度计算模块将使用这两类数据。

5. 视频可信度计算模块

视频可信度计算模块负责响应用户代理提出的视频可信度计算请求，并且发起共享视频对于特定用户的可信度计算过程。首先，该模块能够基于用户数据库和视频数据库中存储的用户对共享视频的社交行为数据、用户间的拓扑关系来计算用户的信任；其次，该模块通过分析共享视频的高层语义信息，采用语义理解技术计算共享视频的内容属性可信度；再次，该模块查询待计算可信度的共享视频上所有浏览用户的信任和社交行为，分析这些用户的社交属性特点，计算共享视频的社交属性可信度；最后，该模块通过融合共享视频的内容属性可信度和社交属性可信度获得共享视频的可信度，并将该可信度返回给用户代理。

图 7-2 所示为在线社交网络共享视频交互过程。

在线社交网络中的用户通过用户代理实现与在线社交网络的交互，以便在在线社交网络中上传、共享、浏览共享视频。在用户接入在线社交网络进行活动之前，用户需要向在线社交网络证明自己身份，如图 7-2 中的 1.1～1.2 所示。在线社交网络提供对用户身份的证明服务，保证接入在线社交网络的用户是合法的，非法的用户无法实现登录。对于合法的用户，在线社交网络允许其在网络中进行一些社交行为。在用户上传共享视频时，用户需要获得视频上传令牌许可，如图 7-2 中的 1.3～1.4 所示。在线社交网络需要实现对用户身份是否可信的判断，即为了保证在线社交网络的安全环境，对于用户身份信任值较低的用户，在线社交网络将限制其上传视频，而对于用户身份信任值较高的用户，在线社交网络允许其上传、共享视频。为保证视频从用户端安全地传输至在线社交网络，采用加密的方式，将加密后的视频传输至在线社交网络服务器节点，并在服务器端实现解密，以保证视频内容的完整性。

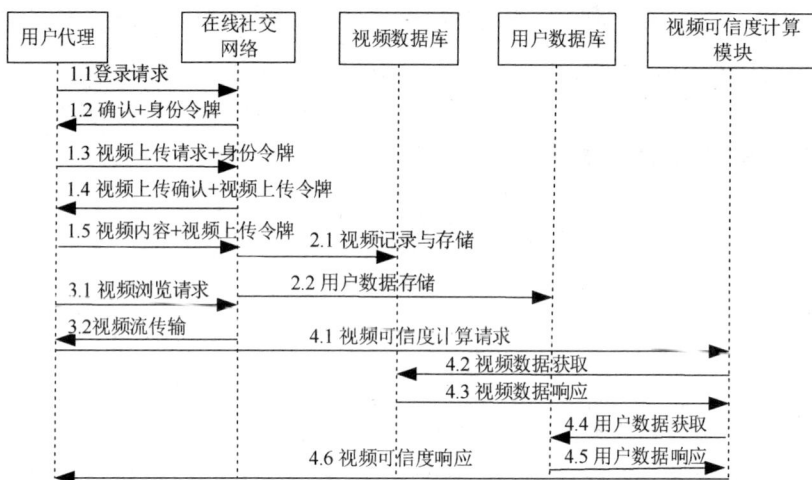

图 7-2   在线社交网络共享视频交互过程

在线社交网络中的用户、共享视频会产生大量的数据。共享视频具有内容属性数据和社交属性数据，内容属性数据由上传该共享视频的用户提供，社交属性数据由在该共享视频上执行社交行为的用户提供。在线社交网络中的合法用户能够浏览、点评、举报共享视频，这些行为反映了用户对共享视频的信任程度，同时构成了共享视频的社交属性数据。这两类属性数据分别存储于视频数据库和用户数据库，如图 7-2 中的 2.1～2.2 所示。用户数据库中记录了在线社交网络中的用户关系及用户对共享视频的社交行为数据。

当用户请求浏览在线社交网络中的某个共享视频时，用户代理将向视频可信度计算模块发起视频可信度计算请求，如图 7-2 中的 4.1 所示。视频可信度计算模块接收视频可信度计算请求，并通过视频数据库和用户数据库获取与该共享视频相关的内容属性数据和社交属性数据，如图 7-2 中的 4.2～4.5 所示。视频可信度计算模块采用一定的融合算法计算共享视频的可信度，将计算结果返回给用户代理，如图 7-2 中的 4.6 所示，用户代理将该共享视频的可信度和共享视频内容本身一起交给用户。

7.3　共享视频可信度评估方法

7.3.1　共享视频内容属性可信度

共享视频的内容属性可信度反映了该共享视频在内容语义方面的可信度。本章采用统一内容定位方法实现共享视频的内容属性可信度计算。统一内容定位技术采用类似于元数据的语义表示方法，在多媒体信息的标引、管理、安全传输等方面得到了深入的应用[35-36]。

令用户获得的共享视频为 v，对该共享视频进行预处理，提取统一内容定位向量 L，$L = [l_1, \cdots, l_i, \cdots, l_p]$。其中，$l_i$ 表示共享视频 v 的第 i 个语义项；p 表示统一内容定位向量的长度。共享视频的语义项从多个维度来表示共享视频内容，如名字、作者、关键词、主题、类别等。在获得共享视频 v 的统一内容定位向量 L 的情况下，基于贝叶斯方法计算共享视频的内容属性可信度 C_{tr}，计算公式如下：

$$C_{tr} = \frac{P(Y)}{P(L)} \times \prod_{i=1}^{p} P(l_i | Y) \qquad (7\text{-}1)$$

式中，$P(L)$ 表示统一内容定位向量中项目出现的概率，计算公式为 $P(L) = \prod_{i=1}^{p} P(l_i)$；$P(l_i)$ 表示统一内容定位向量中第 i 项出现的概率；$P(Y)$ 表示任意共享视频内容可信的平均概率；$P(l_i | Y)$ 表示共享视频统一内容定位向量中第 i 项属于可信任内容的概率。$P(l_i)$、$P(Y)$ 与 $P(l_i | Y)$ 均由在线社交网络共享视频数据集先验知识获得。

7.3.2　共享视频社交属性可信度

在线社交网络中的用户可以对在线社交网络中的共享视频进行多种操作，如上传、浏览、评分、举报等。用户对共享视频的社交行为决定了该用户在在线社交网络中的信任值。例如，若用户上传可信度高的视频、正确举报不可信视频内容，则该用户的信任值较高，对视频的行为可信；若用户上传可信度低的视频、错误举报视频内容或对视频进行恶意评分等，则该用户的信任值较低，对视频的行为不可信。首先计算在线社交网络用户的身份信任，然后依次计算用户间的兴趣相似度、用户间的影响力和用户对共享视频的评分，最后计算共享视频的社交属性可信度。

1. 在线社交网络用户的身份信任

采用用户上传视频信任和用户浏览视频信任两方面来衡量用户的身份信任。

定义 7.1　用户 g 对用户 i 上传的视频 v_j 正确的举报行为记为 $R_{\text{ig}\_j}^{\text{t}}$。若该行为存在，则取值为 1，否则取值为 0。

定义 7.2　用户 g 对用户 i 上传的视频 v_j 错误的举报行为记为 $R_{\text{ig}\_j}^{\text{f}}$。若该行为存在，则取值为 1，否则取值为 0。

用户 i 上传视频信任值的计算公式为

$$t_{\text{i}\_\text{up}} = t_{\text{up}} - \theta \sum_{j \in J} \text{sgn}\left(\sum_{\text{g} \in G} R_{\text{ig}\_j}^{\text{t}} \right) \tag{7-2}$$

式中，t_{up} 表示所有用户上传视频的信任值基准；θ 表示正确举报的惩罚因子；函数 $\text{sgn}(\cdot)$ 表示 signum 符号函数，取值为 1 或 0；J 表示用户 i 上传视频的集合；G 表示所有正确举报用户 i 所上传视频的用户的集合。

用户 i 浏览视频信任值的计算公式为

$$t_{i\_ve} = t_{ve} + \theta \sum_{k \in K} \text{sgn}\left(\sum_{m \in M^k} R_{ki\_m}^t\right) - \sigma \sum_{q \in Q} \text{sgn}\left(\sum_{z \in Z^q} R_{qi\_z}^f\right) \qquad (7\text{-}3)$$

式中，t_{ve} 表示所有用户浏览视频的信任值基准；σ 表示错误举报的惩罚因子；K 表示被用户 i 正确举报视频的上传用户的集合；M^k 表示用户 k 上传视频的集合；Q 表示被用户 i 错误举报视频的上传用户的集合；Z^q 表示用户 q 上传视频的集合。

因此，用户 i 的身份信任 t_i 的计算公式为

$$t_i = t_{i\_up} + t_{i\_ve} \qquad (7\text{-}4)$$

2. 用户间的兴趣相似度

根据每个用户的视频浏览记录提取统一内容定位向量，分别构建每个用户浏览视频的统一内容定位向量集合 V^L，$V^L = \{L_1, L_2, \cdots, L_\Phi\}$，其中 Φ 表示用户浏览视频的数量。采用 Jaccard 相似度方法计算用户间对共享视频的兴趣相似度，用户 i 与用户 j 的历史浏览视频的统一内容定位向量集合分别为 V_i^L 与 V_j^L，$V_i^L = \{L_1, L_2, \cdots, L_\Phi\}$，$V_j^L = \{L_1, L_2, \cdots, L_\Omega\}$，用户间的兴趣相似度为 SI_{ij}，计算公式为

$$SI_{ij} = \max_{1 \leqslant \psi \leqslant \Phi, 1 \leqslant \omega \leqslant \Omega} \left\{\frac{L_\psi \cap L_\omega}{L_\psi \cup L_\omega}\right\} \qquad (7\text{-}5)$$

式中，$0 \leqslant SI_{ij} \leqslant 1$，所有用户间对共享视频的兴趣相似度构成用户相似度矩阵 **SI**。

3. 用户间的影响力

用户之间的互动行为使得用户相互之间存在着影响力。本章提出了改进 PageRank 算法的用户间影响力计算方法，特点在于用户节点对其所关注用户分配的影响力值不应该按照所关注用户节点的出边数量来平均分配，而应该根据用户节点对所关注用户的兴趣相似度进行分配。在在线社交网络中，具

有较高兴趣相似度的用户间，影响力的作用更大。综合考虑用户对共享视频的兴趣相似度和关注用户的出边数量，得到用户间影响力的计算公式为

$$f(u) = \frac{1-d}{N} + d\sum_{z \in B(u)} f(z) \frac{SI_{zu}}{\sum_{\vartheta \in C(z)} SI_{z\vartheta}} \qquad (7\text{-}6)$$

式中，$f(u)$ 表示用户 u 在在线社交网络中的影响力；$C(z)$ 表示用户 z 所关注的用户集合；$B(u)$ 表示所有关注用户 u 的用户集合；d 表示阻尼系数，$0 < d < 1$，一般取值为 0.85；N 表示共享网络中的用户数量；SI_{zu} 表示用户 z 与用户 u 的兴趣相似度。

计算用户间影响力的算法流程如图 7-3 所示。首先，对在线社交网络中所有用户的影响力进行初始化，并设置最大迭代次数 τ_{max}；然后，利用式（7-5）计算在线社交网络中用户间的兴趣相似度；最后，利用式（7-6）完成用户影响力的迭代更新，当迭代次数达到 τ_{max} 时，退出迭代过程，以获得最终的用户间影响力。

> 算法流程：
>
> Step 1：初始化影响力：令每个用户 u_i 在在线社交网络中的初始影响力为预设的常数；根据式（7-5）计算用户间的兴趣相似度。
>
> Step 2：令迭代次数 τ=1。
>
> Step 3：更新影响力：按照式（7-6）更新每个用户的影响力。
>
> Step 4：判断 τ 是否等于 τ_{max}，其中 τ_{max} 表示预设的最大迭代次数，如果等于，则进入 Step 5，否则进入 Step 6。
>
> Step 5：令 τ=τ+1；返回 Step 3。
>
> Step 6：得到最终的用户间影响力。

图 7-3 计算用户间影响力的算法流程

考虑到用户间的影响力不仅仅局限于一阶关注，在多重关注情况下，用户间仍然具有影响。本章考虑一阶、二阶关注关系条件下的用户间影响力，在一阶关注条件下，用户间影响力的计算公式为

$$f(u,z) = f(z)\frac{\mathbf{SI}_{zu}}{\sum_{\theta \in C(z)}\mathbf{SI}_{z\theta}} \tag{7-7}$$

式中，$f(u, z)$表示用户 u 对用户 z 的影响力。

在二阶关注关系条件下，用户间影响力的计算公式为

$$f(u,w) = \max_{c \in C(u,w)}\{f(u,c) \times f(c,w)\} \tag{7-8}$$

式中，$f(u,w)$表示用户 u 对用户 w 的影响力；$C(u,w)$表示构成用户 u 与用户 w 二阶关注关系的中间用户集合，即用户 u 与用户 w 之间没有直接的关注关系，但用户 w 关注了用户 c 且用户 c 关注了用户 u。

4．用户对共享视频的评分

在线社交网络中的用户在观看共享视频时，根据自己的背景知识对视频进行一系列的社交行为，这些社交行为包括点赞 T_u、反对 T_d、转发 R_e、正确举报 R_p、打分 S_r，其中前 4 个变量的取值为 1 或 0，若取值为 1，则表示该社交行为发生；若取值为 0，则表示该社交行为没有发生。因此，评分 k 的计算公式为

$$k = T_u - T_d - R_p + R_e + S_r \tag{7-9}$$

归一化用户对共享视频的评分，使其值处于$(0,1)$区间内，最终得到每个用户对共享视频的评分。

5．共享视频的社交属性可信度

假设在线社交网络中的用户 u 接收到的共享视频为 v，计算该共享视频对用户 u 的社交属性可信度。根据该共享视频的浏览历史记录，获得浏览过该共享视频的用户集合 $\varXi$，其中用户 $\xi \in \varXi$，若用户 u 与用户 ξ 存在一阶关注关系，即用户 u 直接关注用户 ξ，则按照式（7-7）计算用户 ξ 与用户 u 的用户间影响力；若用户 u 不直接关注用户 ξ，但用户 u 与用户 ξ 存在二阶关

注关系，则按照式（7-8）计算用户 ξ 与用户 u 的用户间影响力。对于用户集合 $\varXi$ 中的用户，按照式（7-9）计算该用户集合中每个用户对视频 v 的评分。共享视频 v 对于用户 u 的社交属性可信度记为 S_{tr}，计算公式为

$$S_{tr} = \frac{\sum_{\xi \in \varXi} k_\xi \times f(\xi, u) \times t_\xi}{\sum_{\xi \in \varXi} f(\xi, u) \times t_\xi} \tag{7-10}$$

式中，k_ξ 表示用户 ξ 对视频 v 的评分；t_ξ 表示用户 ξ 在在线社交网络中的身份信任值。

7.3.3 共享视频可信度计算

共享视频的可信度融合了视频内容属性可信度和社交属性可信度，计算公式如下：

$$R_{tr} = \alpha S_{tr} + (1 - \alpha)C_{tr} \tag{7-11}$$

式中，α 表示视频可信度中内容属性与社交属性的权衡系数，$0 < \alpha < 1$。

为了获得最优的权衡系数，建立最小化误差的优化函数。其误差定义为计算获得的可信度和真实的可信度之间的差别。共享视频被上传至在线社交网络后，其内容可能被恶意修改，需要通过用户关系来决定最终的可信度。假定视频集真实的可信度为 $\boldsymbol{X}$，其中每个分量取值表示单个视频的可信度，计算获得的视频集可信度向量为 $\boldsymbol{R}_{tr}$，则最小化函数为

$$\min_{\alpha} \|\boldsymbol{X} - \boldsymbol{R}_{tr}\| \tag{7-12}$$
$$\text{s.t. } 0 \leqslant \alpha \leqslant 1$$

将式（7-11）代入式（7-12），对 α 求偏导数，可以得到

$$\alpha = \frac{(\boldsymbol{X} - \boldsymbol{C}_{tr}) \cdot (\boldsymbol{S}_{tr} - \boldsymbol{C}_{tr})}{\|\boldsymbol{S}_{tr} - \boldsymbol{C}_{tr}\|} \tag{7-13}$$

式中，符号 • 表示内积操作；S_{tr} 与 C_{tr} 分别表示共享视频集的社交属性可信度向量和内容属性可信度向量。因此，可以分析在不同信任强度的在线社交网络环境中，系数 α 的取值分布对误差的影响。

7.4　实验仿真与结果分析

本节通过建立实验仿真原型系统对提出的视频可信度计算方法进行验证，在原型系统中，首先通过软件仿真构造在线社交网络，结合 BA（Barabási Albert）模型建立具有优先连接机制的节点关系。假定初始状态下，在线社交网络中有 N_0 个节点，且节点之间随机连接。新加入在线社交网络的节点采用优先连接机制，与在线社交网络中具有较高度系数的节点以一定概率连接，因此在线社交网络中的节点间产生新的连接边。为生成具有相互关注的关系，将在线社交网络中节点的顺序反向排列，并同样采用 BA 模型生成节点的连接关系。因此，所构建的在线社交网络具有真实在线社交网络的尺度特点。

进行实验仿真时，在线社交网络中初始状态下的节点数 N_0 等于 50，在线社交网络中生成了 2000 个节点。根据节点度的分布，模拟仿真节点的信任值，即具有较高度系数的节点具有较高的信任值。这与实际的在线社交网络类似，一些具有较高关注度的公众人物往往具有较高的信任度，同时具有更大的影响力。为在不同信任强度的在线社交网络中测试所提出的方法，采用三种不同类型的在线社交网络，这三种在线社交网络的不同之处在于所具有的信任用户数不同。对于高可信任在线社交网络，其比中可信任在线社交网络、低可信任在线社交网络具有更多的高可信任用户，高可信任用户、中可信任用户比例分别为 79%、15%，剩下的 6% 为低可信任用户；对于中可信任在线社交网络，高、中、低可信任用户的比例分别为 17%、75% 和 8%；对于低可信任在线社交网络，高、中、低可信任用户的比例分别为 6%、8% 和 86%。

信任值取值范围为 0 到 1。用户的高、中、低信任值取值区间分别为[0.75, 1]、[0.5, 0.75)和(0, 0.5)。

实验仿真中通过从在线社交网络中随机选择节点来模拟用户上传、共享视频的过程，所上传的视频通过网络爬虫从真实的视频分享网站获得，视频数量设置为 500 个。用户视频分享路径通过随机选择具有连接关系的节点获得。考虑到了用户间的二阶关注关系，每个视频的分享路径至少包括三个节点，即每条路径需要至少有两条连接边的存在。用户根据自身的信任值及视频内容属性可信度对视频的内容进行评分。在仿真计算中，假定用户的信任值是其社交行为的直接结果，即用户是否具有诚实或恶意行为完全与其自身的信任值一致。

在在线社交网络中，视频的内容在共享过程中可能会被修改，从而造成视频语义被攻击，因此对接收到的视频而言，仅通过获得视频的内容属性可信度来判断视频内容的安全性远远不够。对于上传的视频，仿真中设置了三类不同类型，即高、中、低信任的视频，将这些视频输入到三种不同类型的在线社交网络。视频的高、中、低信任取值范围分别为[0.8, 1]、[0.6, 0.8)、(0.1, 0.6)。为模拟不同环境下在线社交网络中对视频内容的操作，视频内容的修改概率与所在在线社交网络的信任值相关，即较高可信任在线社交网络中的视频内容相较于较低可信任在线社交网络，其内容不被修改的可能性较大。

首先研究权衡系数 α 在不同类型的在线社交网络中的取值情况，如图 7-4 所示。其中，图 7-4（a）～图 7-4（c）分别对应高、中、低可信任在线社交网络。针对每种类型的在线社交网络，分别研究不同可信度的视频在共享网络环境中的 α 取值分布。HighTrust、MediumTrust 和 LowTrust 分别对应高信任、中信任和低信任视频。

图 7-4 中横轴表示视频类型，纵轴表示 α 取值。可以看出，对于较高可信任的在线社交网络，α 的取值较大，根据式（7-1）计算共享视频的可信度，

可知 α 值与视频分享用户的社交属性可信度正相关，而 $1-\alpha$ 则与视频的内容属性可信度正相关。这说明如果在线社交网络的信任值高，则对接收视频的可信度判断可以更加依赖于在线社交网络中用户对该视频的社交评分。该结果与直观认识是一致的，如果用户所在的在线社交网络是可信的、安全的，则用户更加信赖其朋友及朋友对该视频的评价。实验仿真中，高可信任在线社交网络的 α 对高、中、低信任视频的取值分别为 0.8017、0.6687 与 0.0748。

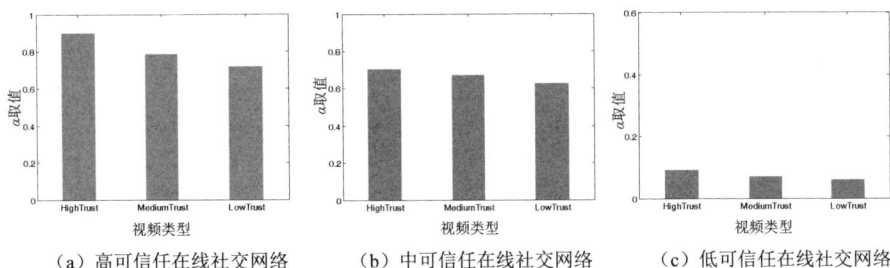

| （a）高可信任在线社交网络 | （b）中可信任在线社交网络 | （c）低可信任在线社交网络 |

图 7-4　三种不同类型在线社交网络中 α 的取值情况

从图 7-4 中还可以看出，对于某种特定类型的在线社交网络，α 的大小会随着视频内容属性可信度的降低而稍微降低。这说明如果视频具有较低的内容属性可信度，则对接收共享视频的可信度判断而言，应该更少考虑视频的社交属性可信度。因为当共享视频具有较低的内容属性可信度时，用户极有可能遇到对该视频不同，甚至相反的评价，此时用户更加倾向于相信接收视频的内容属性可信度，而不是朋友对该视频的评价，因此用户获得的视频社交属性可信度在整体可信度的计算中权重更小。

当前关于在线社交网络的信任大部分集中在用户本身，而不是视频内容上，因此将本章提出的方法与仅考虑社交属性可信度、仅考虑内容属性可信度两种方法进行对比，采用计算的视频可信度与视频真实可信度之间的误差来评价算法优劣。图 7-5～图 7-7 分别给出了高、中、低可信任在线社交网络环境下的误差比较。其中，提出方法表示本章提出的方法；仅内容表示仅考虑内容属性可信度的方法；仅社交表示仅考虑社交属性可信度的方法。可以看出，本章所提出的方法相较于其他两种方法具有最低的误差。

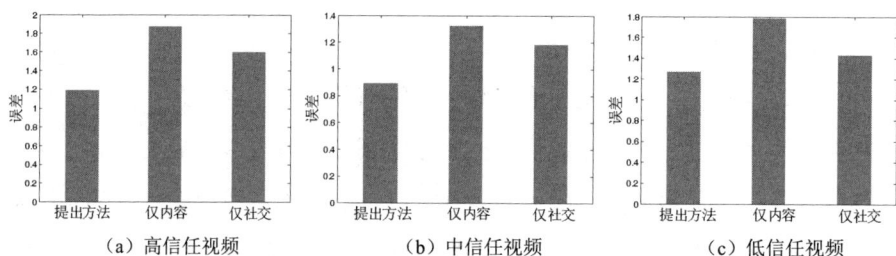

图 7-5　高可信任在线社交网络环境下的误差比较

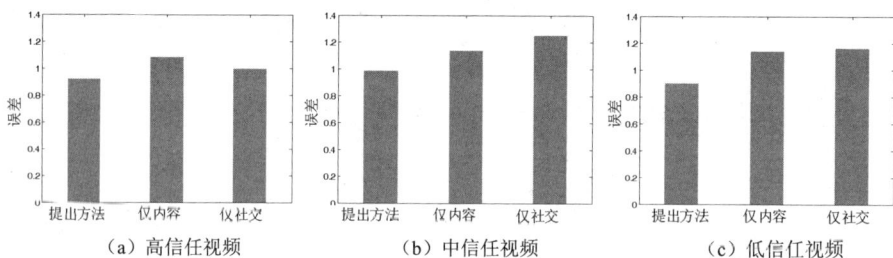

图 7-6　中可信任在线社交网络环境下的误差比较

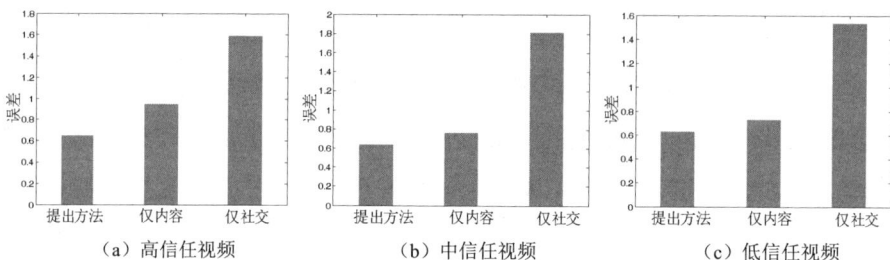

图 7-7　低可信任在线社交网络环境下的误差比较

从图 7-5～图 7-7 中可以看出，仅考虑社交属性可信度和仅考虑内容属性可信度的方法在性能方面比本章提出的方法差，且这两种方法对于不同信任类型的在线社交网络，误差分布有所区别。对于高可信任在线社交网络环境，仅考虑社交属性可信度方法比仅考虑内容属性可信度方法的误差小；而在低可信任在线社交网络中，仅考虑内容属性可信度方法比仅考虑社交属性可信度方法的误差小。其原因在于，如果在线社交网络的可信度较高，即有较多的用户具有较高的信任值，则视频的可信度计算可以依赖于共享视频的社交属性可信度。反之，若在线社交网络的可信度较低，则视频的可信度计算不应该过多依赖于视频的社交属性可信度，而是依赖于视频内容属性可信度。但总的来看，仅考虑内容属性可信度或仅考虑社交属性可信度都不足以刻画视频的可信度，本章提出的方法融合了两种可信度，能够较好地计算共享视频的可信度。

参考文献

[1] 马强, 戴军. 基于深度学习的跨社交网络用户匹配方法[J]. 电子与信息学报, 2023, 45(7): 2650-2658.

[2] FIRE M, GOLDSCHMIDT R, ELOVICI Y. Online social networks: threats and solutions[J]. IEEE Communications Surveys and Tutorials, 2014, 16(4): 2019-2036.

[3] JAIN A K, GUPTA B B. A survey of phishing attack techniques, defence mechanisms and open research challenges[J]. Enterprise Information Systems, 2022, 16(4): 527-565.

[4] ZHAO Y, YI P. Modeling the propagation of XSS worm on social networks[C]//2013 IEEE Globecom Workshops, 2013: 207-210.

[5] ALHARBI A, DONG H, YI X, et al. Social media identity deception detection: a survey[J]. ACM Computing Surveys, 2022, 54(3): 69.

[6] KRISHNAMURTHY B, WILLS C E. On the leakage of personally identifiable information via online social networks[J]. Computer Communication Review, 2009, 40(1): 112-117.

[7] ACQUISTI A, GROSS R, STUTZMAN F. Face recognition and privacy in the age of augmented reality[J]. Journal of Privacy and Confidentiality, 2014, 6(2): 1-20.

[8] MA X, LI H, MA J, et al. APPLET: a privacy-preserving framework for location-aware recommender system[J]. Science China-Information Sciences, 2017, 60(9): 1-16.

[9] HALDAR N A H, REYNOLDS M, SHAO Q, et al. Activity location inference of users based on social relationship[J]. World Wide Web-Internet and Web Information Systems, 2021, 24(4): 1165-1183.

[10] LI H, ZHU H, DU S, et al. Privacy leakage of location sharing in mobile social networks: attacks and defense[J]. IEEE Transactions on Dependable and Secure Computing, 2016, 15(4): 646-660.

[11] KHALED S, EL-TAZI N, MOKHTAR H M O. Detecting fake accounts on social media[C]//2018 IEEE International Conference on Big Data, 2018: 3672-3681.

[12] CHEN L, CHEN J, XIA C. Social network behavior and public opinion manipulation[J]. Journal of Information Security and Applications, 2022, 64(4):103060.

[13] CHEN Y C, WU S F. FakeBuster: a robust fake account detection by activity analysis[C]//2018 International Symposium on Parallel Architectures, Algorithms and Programming, 2018: 108-110.

[14] SAINI A, GAUR M S, LAXMI V, et al. You click, I steal: analyzing and detecting click hijacking attacks in web pages[J]. International Journal of Information Security, 2019, 18(4): 481-504.

[15] ALKHAMEES M, ALSALEEM S, AL-QURISHI M, et al. User trustworthiness in online social networks: a systematic review[J]. Applied Soft Computing, 2021, 103: 107159.

[16] ZHENG Q, QU S. Credibility assessment of mobile social networking users based on relationship and information interactions: evidence from China[J]. IEEE Access, 2020, 8: 99519-99527.

[17] IMRAN M, KHATTAK H A, MILLARD D, et al. Calculating trust using multiple heterogeneous social networks[J]. Wireless Communications and Mobile Computing, 2020: 8545128.

[18] GONG Z, WANG H, GUO W, et al. Measuring trust in social networks based on linear uncertainty theory[J]. Information Sciences, 2020, 508: 154-172.

[19] JIANG J, WANG H, LI W. A trust model based on a time decay factor for use in social networks[J]. Computers and Electrical Engineering, 2020, 85: 106701-106713.

[20] AKILAL K, OMAR M, SLIMANI H. Characterizing and using gullibility, competence, and reciprocity in a very fast and robust trust and distrust inference algorithm for weighted signed social networks[J]. Knowledge-Based Systems, 2020, 192: 105345.

[21] PASI G, VIVIANI M, CARTON A. A multi-criteria decision making approach based on the choquet integral for assessing the credibility of user-generated content[J]. Information Sciences, 2019, 509: 574-588.

[22] JAIN P K, PAMULA R, ANSARI S. A supervised machine learning approach for the credibility assessment of user-generated content[J]. Wireless Personal Communications, 2021, 118(4): 2469-2485.

[23] CARDINALE Y, DONGO I, ROBAYO G, et al. T-CREo: A twitter credibility analysis framework[J]. IEEE Access, 2021, 9: 32498-32516.

[24] XU B, LIU J, LIANG J, et al. DeepFake videos detection based on texture features [J]. Computers, Materials and Continua, 2021, 68(1): 1375-1388.

[25] CALDELLI R, GALTERI L, AMERINI I, et al. Optical flow based CNN for detection of unlearnt deepfake manipulations [J]. Pattern Recognition Letters, 2021, 146: 31-37.

[26] PAN Z, REN Y, ZHANG X. Low-complexity fake face detection based on forensic similarity[J]. Multimedia Systems, 2021, 27(3): 353-361.

[27] FERNANDO T, FOOKES C, DENMAN S, et al. Detection of fake and fraudulent faces via neural memory networks[J]. IEEE Transactions on Information Forensics and Security, 2020, 16: 1973-1988.

[28] SELVARAJ P, KARUPPIAH M. Inter-frame forgery detection and localisation in videos using earth mover's distance metric[J]. IET Image Processing, 2020, 14(6): 4168-4177.

[29] HE P, LI H, LI B, et al. Exposing fake bitrate videos using hybrid deep-learning network from recompression error[J]. IEEE Transactions on Circuits and Systems for Video Technology, 2020, 30(11): 4034-4049.

[30] SUN Q, CAO H, QI W, et al. Improving the security and quality of real-time multimedia transmission in cyber-physical-social systems[J]. International Journal of Distributed Sensor Networks, 2018, 14(11): 1-11.

[31] MA Q, XING L, ZHENG L. Authentication of scalable video coding streams based on topological sort on decoding dependency graph [J]. IEEE Access, 2017, 5(1): 16847-16857.

[32] 孙鹏, 王方明, 郎宇博, 等. 面向多媒体情报内容可信度评估的量化模型研究：以视频情报为例[J]. 情报杂志, 2018, 37(4): 74-79.

[33] MADA B E, BAGAA M, TALEB T. Trust-based video management framework for social multimedia networks[J]. IEEE Transactions on Multimedia, 2019, 21(3): 603-616.

[34] 马强, 张琦, 邢玲, 等. 在线社交网络下共享视频的信任度计算方法: ZL 202110577753.9[P]. 2022-7-26.

[35] 邢玲, 马强, 胡金军. 基于场景分割的视频内容语义管理机制[J]. 电子学报, 2016, 44(10): 2357-2363.

[36] XING L, MA Q, WU H, et al. General multimedia trust authentication framework for 5G networks[J]. Wireless Communications and Mobile Computing, 2018: 1-9.